U0238032

厉害坏了的科学

太空不太空

关于宇宙的冷知识

【英】克莱夫 · 吉福德（Clive Gifford）著
【英】安德鲁 · 平德（Andrew Pinder）图
张珍真　译

上海科技教育出版社

3，2，1，发射！

如果你想要知道在月球表面行走会是什么样的感觉，或者自己在宇宙中的位置；如果你幻想过成为一名宇航员，抑或有一天能遇见外星人，那么别再犹豫了，这本书将告诉你一切你想知道的关于太空的知识——从地球大气层的边缘到宇宙的边缘。

来吧，领略太阳系的美景，畅游银河系的风光，探索宇宙的诞生和毁灭，以及了解在太空中生活真正的样子吧！

准备……发射！

目　录

地球、月球和两者之间

奇妙的地球 / 2

引力 / 5

地球的诞生 / 7

多好的大气 / 10

隔壁邻居 / 13

永不消逝的脚印 / 15

地球的邻居们

认识一下，地球的邻居们 / 20

关于太阳 / 22

神秘的水星 / 26

金星，地球暴戾的孪生兄弟 / 27

岩石构成的红色火星 / 30

巨大的木星 / 32

轻飘飘的土星 / 35

倾斜的天王星 / 38

海王星上没有生日 / 39

可怜的冥王星 / 40

太空中的雪球 / 43

流星体还是陨石 / 46

沸腾的恒星，巨大的星系

恒星，数之不尽 / 50

恒星的一生 / 54

明“星”的品格 / 57

末日的开端 / 62

黑洞有什么好大惊小怪 / 65

银河家园 / 67

星系间的同类相残 / 70

仰望星空

仰望星空 / 74

星座 / 75

观星家 / 76

谈谈望远镜 / 77

越来越大 / 80

空间望远镜 / 83

巡视波的海洋 / 85

射电天文学 / 88

寻找外星人 / 90

目标：太空

脱身术 / 96

火箭的工作原理 / 98

环绕地球 / 103

形形色色的人造卫星 / 104

安息吧，卫星 / 106

遥而可及 / 107

何去何从 / 114

太空竞赛 / 117
这就是太空生活 / 121
小心，别吐 / 122
宇航员吃什么 / 123
别忘了冲马桶 / 124
出舱 / 125
这是谁的手套 / 128
太空中的家 / 129
在国际空间站上做什么 / 131
太空假期 / 132

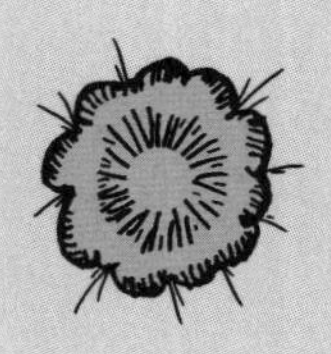

如何开始……如何结束

果壳里的宇宙 / 134
这一切是如何开始的 / 137
悬而未决的问题 / 141
宇宙的结局将如何 / 143

地球、月球和两者之间

奇妙的地球

地球是一颗岩质行星，在围绕太阳运转，组成太阳系的八大行星中，大小排名第五。这没什么了不起的，宇宙中有数以千亿计的恒星，以及很多比地球大得多的行星。不过，地球是目前唯一已知有生命存在的星球——而你，就居住在这里。

地球是独一无二的。在很长的一段时间里，人们都认为他们在天空中看到的所有天体：太阳、月亮、恒星和其他行星都在围绕着地球转动。这样的认知并不奇怪，但科学显示，这一切没那么简单，地球并不是宇宙的中心。不过，地球仍然是一颗奇妙的星球。

地球简图

下面，你会了解更多关于地球的知识。下图中标出的是地球的一些最重要的位置：

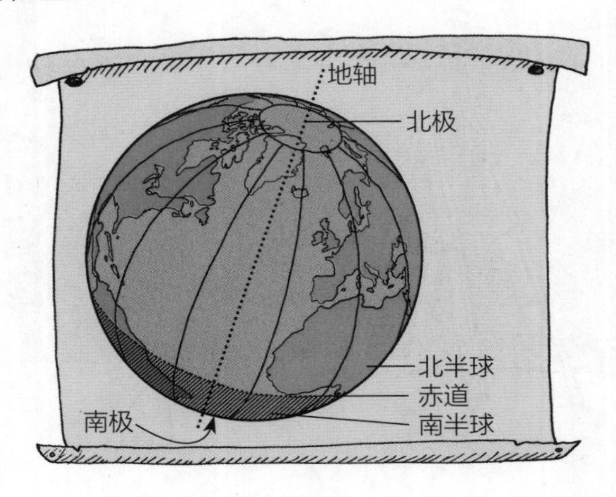

好大的腰围

如果地球是一个完美的球形，那么无论从地球上的哪一点测量，其直径都应当是一样的。然而，和许多行星一样，地球两极稍扁，赤道——在地球腰部绕其一周的虚构线——略鼓。在赤道附近，地球的直径是 12 756 千米，比地球在两极处的直径长 42 千米。

转转不休

地球绕着太阳在椭圆形的轨道上运转，地球到太阳的平均距离约为 1.496 亿千米；不过轨道上不同位置到太阳的距离略有不同，最近为 1.471 亿千米，最远为 1.521 亿千米，仅仅相差 500 万千米。

相比之下，其他行星的这一差值要大得多。例如，土星的公转轨道中，离太阳最近的点和最远的点之间的距离相差超过 1.5 亿千米。

了不起的旋转球

你可能觉得地球稳若磐石、完全静止，但这个星球事实上在不停地转动。地球每 23 小时 56 分钟 4.09 秒绕地轴旋转 360°。这意味着地球其实处于高速旋转中。事实上，地球赤道附近的转速达到了 1670 千米 / 时，几乎是喷气客机速度的两倍！

还不止呢！当地球绕着地轴旋转时，它还在其轨道上以 30 千米 / 秒的速度绕着太阳旋转，是不是很厉害？

换算成千米 / 时的话，大约是 107 218 千米 / 时！哇！

地球以这个速度每 $365\frac{1}{4}$ 天——准确地说，是 365 天 5 小时 48 分 46 秒——在轨道上转一圈。这也是为什么为了校正误差，每四年会在二月末加上一天，使这一年成为有 366 天的闰年，而不是 365 天。

歪着身子

地轴与地球公转轨道所在的平面并不是垂直的，而是有一个 23.5° 的固定倾角。当地球绕着太阳旋转时，这个倾角造就了四季。在公转的某一段时间内，地球的一个半球朝向太阳，这个半球就处在了炎热的夏季并拥有更长的光照时间，而另一个半球则进入了寒冷的冬季。随着地球继续在轨道上转动，季节就发生了交替。

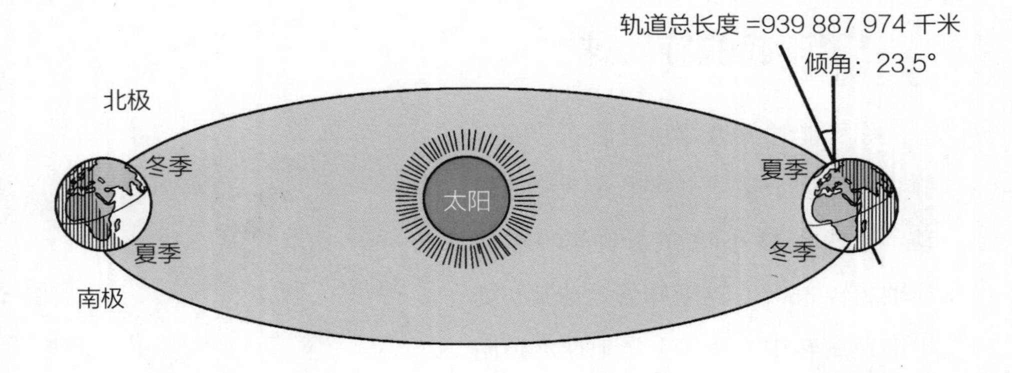

引 力

引力是物体之间相互吸引的力。小到一粒豆子，大到一颗行星，都会产生引力，但是相差数量级巨大。物体的质量越大，产生的引力也越大，所以一个质量巨大的物体，比如太阳，产生的引力足以吸引相距数亿千米的遥远行星。

宇宙的“万能胶”

引力是宇宙中万物得以聚集在一起的基础。由于引力的存在，卫星才会绕着行星旋转，而行星也才会绕着恒星旋转。也是由于引力的存在，让众多星系，包括其中千千万万颗恒星、行星和其他天体，相聚不散。又是引力，让你和地球上的其他物体不会在地球自转时被甩向太空。让你刻骨铭心了吧！

地球有多重

地球大约重 5.972×10^{24} 千克，但这里准确的术语应该是“质量”而非“重量”。这一点很重要，所以我们接下来上一堂简短的质量课——说实话，很快：

质量课

物体的质量表示的是物体含有物质的多少。一个物体可能很小，但其质量可以远超体积比它大得多的物体，比如一小块金子的质量就大于一个气球。对于同一个物体，无论它是在地球上、月球上还是漂浮在太空中，其质量都不会变化。

另一方面，一个物体的重量是指因作用于一个物体上的引力而产生的力。在宇宙的不同位置引力的大小是会变化的。如果你将一个物体放到引力大小不同的地方，它称出的重量也不同。而如果你将它抛到外太空，远离任何恒星和行星，它的重量就是零。一个在地球上体重 60 千克的人，在太阳上的重量将是在地球上的 27 倍，但其质量并未改变——前提是，如果他没有被太阳烤成酥脆小点心的话。

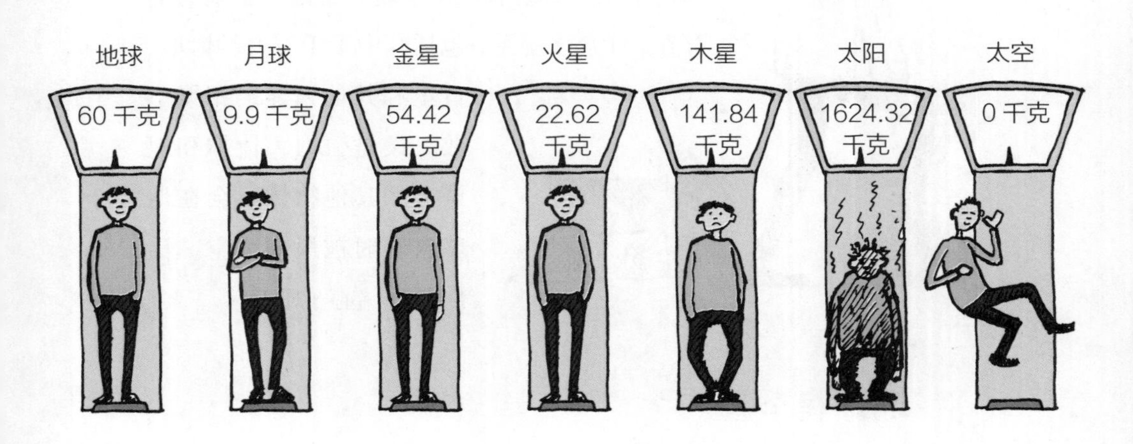

位于地球轨道或其他行星轨道上的物体也是没有重量的。在太空站和太空飞船上，你一不注意，物体就可能漂浮起来。这种情境叫作“失重”，不过，更准确的说法是微重力，因为仍然有极微小的重力存在。

地球的诞生

大约 50 亿年前，一大团尘埃和气体云中，有一个区域——离你现在所在的区域不远——开始坍缩和升温。随着温度越来越高，它开始旋转，形成了一个巨大的旋转着的盘，其中的物质互相碰撞。这些物质大部分被吸入盘的中心，最终形成了太阳——即位于太阳系中心的恒星。

一段时间以后……

在一个持续了数百万年的过程中，这个盘的中心变得越来越热，直至开始发出热和光。此时这个天体被称为原恒星，它产生惊人的能量，将盘中的大部分物质推向外部。盘中的剩余部分继续发生碰撞，合并成为团块。最终，这些团块成为了水星、金星、火星和地球——太阳系内侧的四颗由岩石构成的行星。与此同时，周围还有众多不一样的行星。它们中的许多相互撞击，不是撞毁，就是结合在了一起，形成了更大的行星。最终，太阳系只剩下了八颗大行星。

在最初的一段时间里，地球非常不稳定。大量火山爆发，彗星和陨石也不断轰击地球表面，而且，地球还曾经与其他岩质天体发生碰撞。又过了数百万年，一切渐渐平息下来，大气层（见“多好的大气”一节）开始形成，地球上出现了大量液态水，为原始生命的诞生创造了条件。

今天，这颗星球表面的 70.8% 被水覆盖。由于水的存在，地球上的生命才得以繁盛。目前，科学家们命名的物种已经超过 190 万种，而且仍有许多物种尚未被发现。

外壳下的分层

地球由若干层组成：

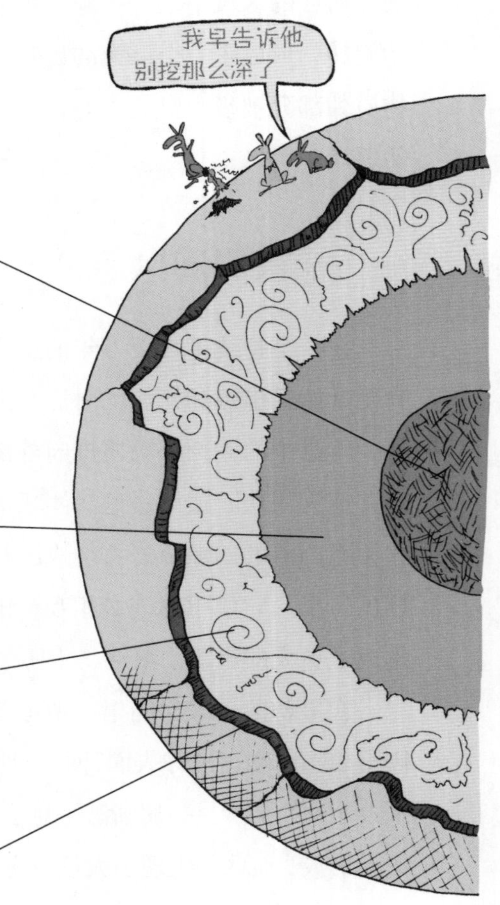

内地核

由铁、少量镍及其他元素组成——一般被认为是固态的，有着不可思议的高温和巨大的压力——其压力可能是地球表面大气压的300万到400万倍。

外地核

液态——主要由铁、少量镍和其他元素组成。

地幔

厚度约2900千米，平均温度高达1300℃——主要是固体岩石，但可以像一块软塑料一样弯曲和变形。

地壳

厚度约8到40千米——由岩石构成，漂浮在地幔之上。

板块运动

就像足球表面由很多块拼成一样，地壳也可以分为几个巨大的板块。然而和足球表面的拼接块不同的是，这些板块处在不断的运动当中，它们有的逐渐分离，有的逐渐叠到一起。这种板块移动每年不过几厘米，但产生巨大的力。正是由于其相互推拉或挤压对岩石产生了压力和张力，从而造成了地球上的许多大地震。

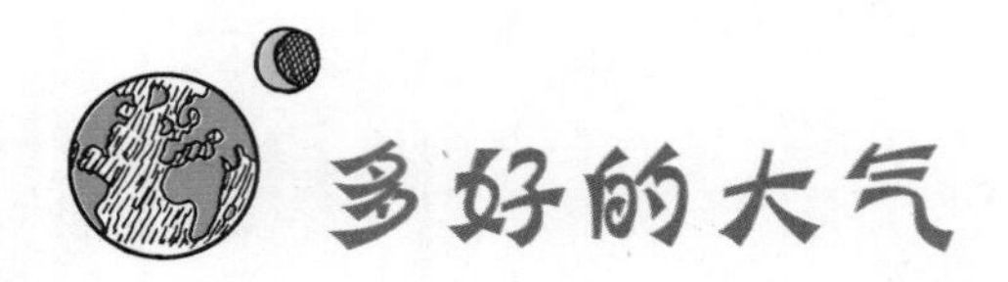

大气层是包围恒星、行星或卫星的气体层。地球的大气层可以分为五层，它为地球上生命的维持提供了理想的条件。大气层为地球表面阻挡了太阳光中的大部分有害射线，又让地球上有足够的热量保持温暖。云层中的水蒸气带来降水，而大气中的氧气是动物呼吸并从食物中获取能量所必需的。

地球的大气层尽管有着如此多的功用，构成却异常简单。它包含78.1%的氮气，大约20.9%的氧气，还有一些水蒸气、氩气和少量或极少量的氢气、臭氧、甲烷、二氧化碳、氦气、氖气、氪气和氙气。其中有些气体扮演着重要的角色。例如，臭氧能够帮助吸收和散射大量

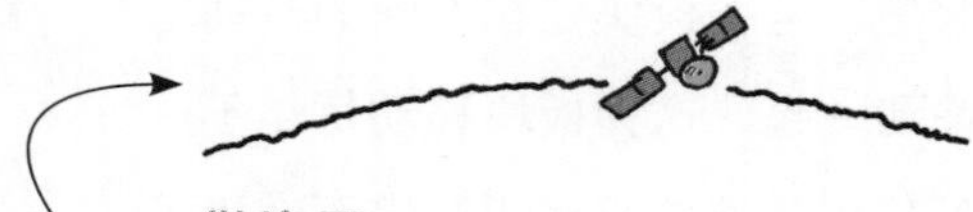

散逸层

含有少量氢气和氦气，并不断散逸到外太空。

热层

热层中的温度随着与地面的距离增加而升高。

中间层

大多数流星体（见“流星体还是陨石”一节）在中间层燃烧殆尽。

平流层

距离地球表面约50千米。

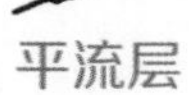

对流层

距离地球表面8到16千米。这里富含氧气，绝大多数天气现象就发生于此。

紫外线（UV），紫外线是太阳辐射出的一种能量。不过仍有部分紫外线会到达地球表面，对生物造成伤害。这也是为什么你在晴天最好涂上防晒霜。

我们到太空了吗

想要搞清楚散逸层与宇宙的边界其实很难，因为这两者之间并不存在明确的分界线，并且在一些太空卫星之外仍能找到大气的微小踪影。根据美国航空航天局（NASA）的标准，航天器重新进入大气层的海拔高度是 122 千米。然而，也有许多国家向飞行高度离地面 100 千米以上的宇航员授予“飞翼”勋章。

航天飞机

太空什么样

太空的平均气温仅为 -270℃，可谓寒冷刺骨。不过，若你来到太阳这样的恒星附近，又会感到酷热难当。太空同时又是大而空旷，如死一般寂静的，只偶然会有一颗粒子或气体原子做伴。

嘘……

声音通过物质分子的振动抵达你的耳朵。声音可以通过任何含有大量分子的物质传递——例如你身边的空气，或木头等固体物质。太空中几乎没有任何物质，因此声音无法在太空中传播。

这就是宇航员在宇宙飞船外时，必须通过无线电才能相互通话的原因之一。无线电波与声波不同，它可以很容易地在太空中传播。传到宇航员头盔中的无线电波随即再被转换为声波。

隔壁邻居

天然卫星，是围绕另一个较大天体运动的物体，其围绕的对象可以是行星，另一颗卫星，甚至还可以是一颗小行星。地球唯一的天然卫星就是月球。

月球赤道直径约为3476千米。月球的大小是地球的1/3.7，质量只有地球的1/81。所以，月球表面的重力是你所熟悉的地球表面重力的1/6。

大碰撞

月球是地球在太空中最近的邻居，也是目前为止人类唯一踏足过的天体。月球在离地球平均距离384 400千米的轨道上绕地球运行。从古至今，月球都在吸引着人类，天文学家仍在好奇它是如何形成的。

目前，人们普遍接受的月球形成理论是“大碰撞说”：大约45亿年前，地球经历了一次大碰撞，有可能是与一颗小行星或原行星（一颗正在形成的行星）。这次碰撞摧毁了这个天体，但将其部分残骸连同地球碎片一起送入了太空。这团碎片残骸逐渐形成了月球。

不是芝士，谢谢

你也许会听别人开玩笑说过，月球是芝士做成的，不过应该不会有谁把这个玩笑当真吧。事实上，月球内核由金属构成，直径约 480 千米，外面包裹着温度极高的液态岩层。再外层则是岩石地幔，最外面还有一层固态岩石地壳。

月球的表面有很多环形山，这是很久以前彗星和陨石撞击留下的痕迹。其中一个名为巴伊的环形山大约 300 千米宽，近 4 千米深。月球表面的另一个特征是广袤的岩石平原“海”（来源于历史上拉丁语中 mare 一词——复数 maria，意为“海”，实际上内中没有海水），其中最大的风暴洋是一块椭圆形平原，面积约为 2500 千米 ×1500 千米。

稀薄的大气

很多年以来，人们都认为月球压根没有大气层。不过，事实上月球有大气层，只不过非常稀薄。月球的大气层中主要是氖气——一些照明设备中会用到的气体，加上一些氦气、氢气和氩气。这四种气体加在一起，占到了月球大气的 98%，不过其总质量仅约为 25 吨。相比之下，地球的大气层总质量达到了约 5×10^{15} 吨！

永不消逝的脚印

月球几乎没有大气层，所以不存在气候变化，对太阳光也毫无抵御能力。月球上的气温波动很大，幅度远超地球上的温度变化。根据NASA 的数据，月球的温度可以从 –249℃飙升到 123℃——超过水的沸点。

由于没有风，也没有水，覆盖大部分月球表面的土壤层几乎不会移动。“阿波罗”探月计划曾经将 12 位宇航员送上月球，他们留下的脚印和其他印记很有可能至今仍在原地呢！

失物清单

每一次“阿波罗”飞船登月，宇航员都会在月球上留下一些东西，这些物品包括：各种各样的电视设备、一台相机、若干双太空靴、一把锤子、一面美国国旗、一段金色橄榄枝、一块纪念牌，以及宇航员谢泼德 1971 年挥出的高尔夫球！

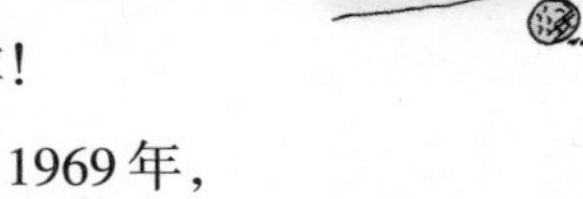

1969 年，

科学家们在月球上安置了月球激光测距实验装置，这套装置至今还在测量地球与月球之间的距离。激光测距表明，月球正在以每年 3.8 厘米的速度逐渐远离地球。

月球的另一半面是黑暗的吗

从地球看月球，我们看到的始终是月球的同一半球，因为月球在绕地球公转一圈的同时也完成了自转一圈——都是 27.3 天。然而，月球的另一半球并非一片黑暗，它与我们看到的这一半面获得了同样多的太阳光。

月相

月相是你在地球上能看到的月球被太阳光照到的部分。月相每天发生变化，从新月到满月再到新月的一个完整周期是 29.5 天。

注意：下页图中有两圈月亮。内圈表明月球受太阳光照射部分与地球之间的夹角，而外圈则对应着地球上的人们所看到的月相。

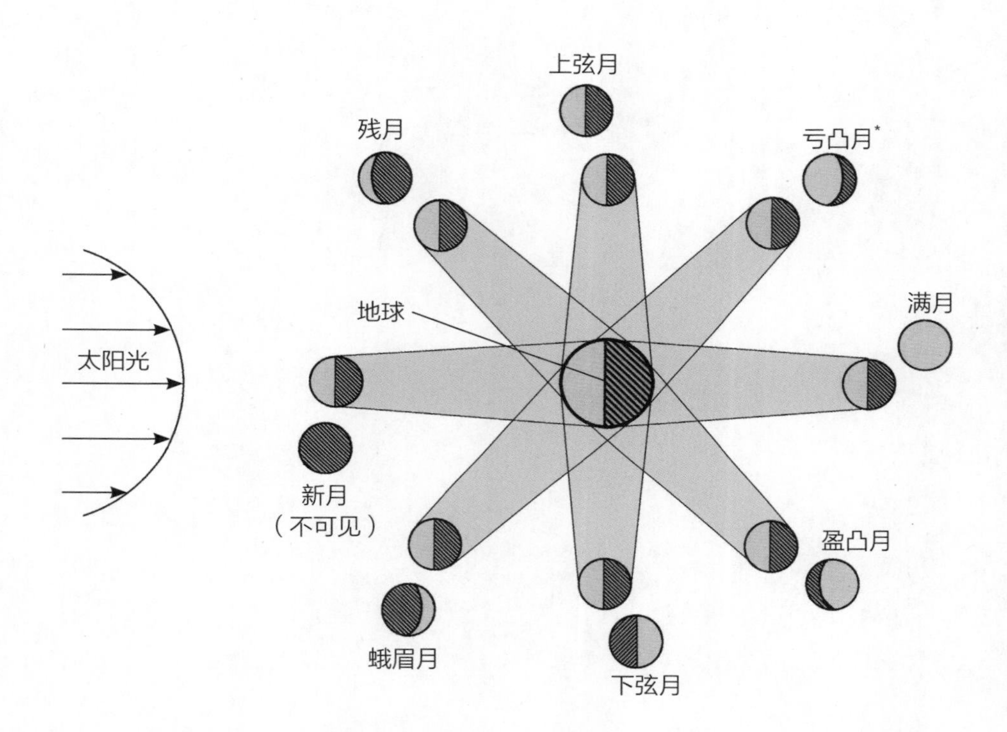

地球对月球施加引力，月球同样也对地球施加引力。月球引力对于地球的主要影响之一是导致了地球的潮汐现象。水受到月球引力的作用向月球靠拢，随着地球的自转，水的涌起部分也环绕地球转动，导致了海平面的起和落，形成了潮汐。

---

* 凸月表示超过一半的月球表面被照亮。——原注

地球的邻居们

认识一下，地球的邻居们

现在你已经知道了，地球并不孤单。它是绕着太阳旋转的八大行星之一，与地球一同绕着太阳旋转的还有超过170颗卫星和各种其他小天体。

太阳系的尽头在哪里

海王星是距离太阳最远的行星，但并不是太阳系的终点。海王星之外存在着柯伊伯带。柯伊伯带一直延伸到距离太阳约170亿千米远的地方，其中包含众多彗星和矮行星，比如冥王星*。柯伊伯带之外，还有奥尔特云，这个巨大的区域中，有数十亿颗彗星。

那有多远

用来描述地球上的距离，“千米”这个单位足矣。不过太阳系实在太大了，测量距离的单位必须更大——远远大得多。天文学家把地球到太阳的平均距离，也就是149 597 870.7千米，称为一个天文单位（AU）。天文学家常用这个巨大的单位来表示太阳系中的距离。

注意：下页图中的每个数字，表示的是这些行星与太阳之间的平均距离。

---

* 冥王星曾经是太阳系第九大行星。不过，2006年，冥王星被降级为矮行星（详见“可怜的冥王星”一节）。——原注

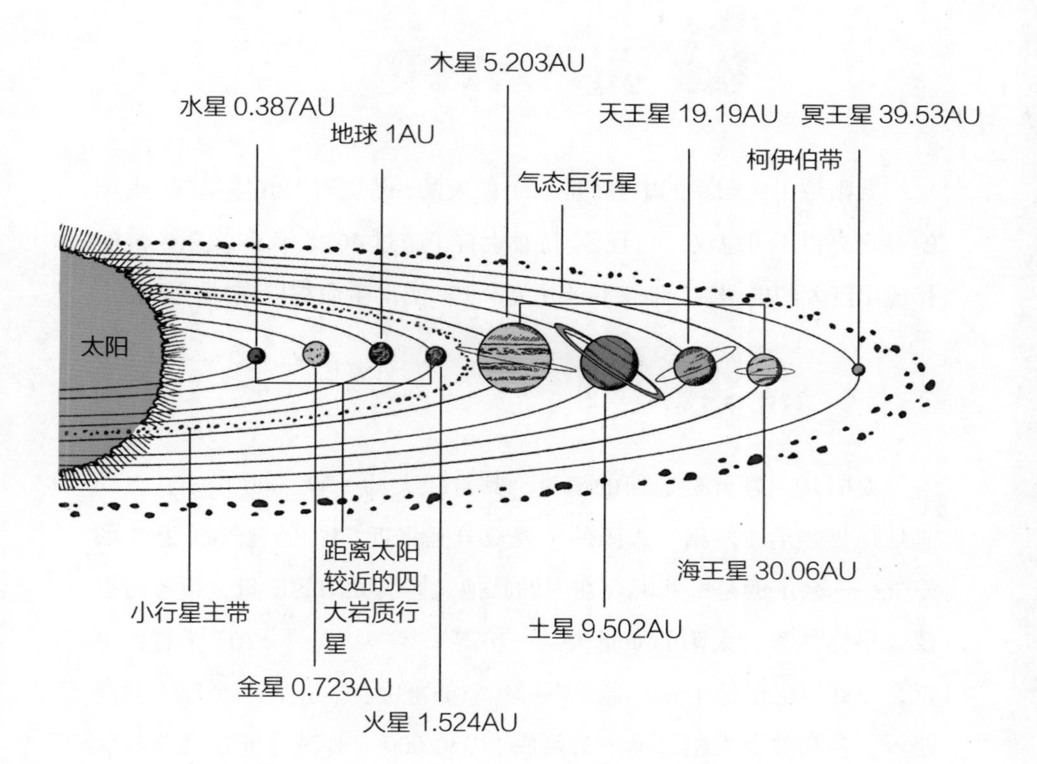
木星 5.203AU
水星 0.387AU
地球 1AU
天王星 19.19AU
冥王星 39.53AU
柯伊伯带
气态巨行星
太阳
海王星 30.06AU
距离太阳较近的四大岩质行星
小行星主带
土星 9.502AU
金星 0.723AU
火星 1.524AU

关于太阳

太阳位于太阳系的中心，是一个巨大的、燃烧着的气体星球。太阳的温度高得不可思议，并且已经持续燃烧了超过46亿年了。太阳燃烧时释放出巨大的能量，为地球带来了光和热，使得生命得以在地球繁衍。

好重的质量

太阳是一颗普普通通的恒星，其直径大约1 392 000千米，大约是地球直径的109倍。太阳的主要成分是将近74%的氢气和25%的氦气——余下的是一些混合在内的其他气体。太阳的质量大得不可思议。根据估算，太阳的质量大约……等一等……是2×10^{30}千克，也就是200万亿亿亿千克。真是不可想象的重呢！若是在一个巨大的跷跷板上一头放上太阳，另一头要放上330 000个地球才能让跷跷板保持平衡。

巨大的引力

一个物体质量越大，产生的引力也就越大。而太阳的质量可以说是大极了，让太阳系中所有其他天体都相形见绌。事实上，太阳的质量占整个太阳系的98%——由于太阳的巨大质量，其产生的引力牢牢吸引着八大行星和其他小行星（见“可怜的冥王星”中“系上腰带”一节）等天体围绕太阳旋转。

一座巨大的核反应堆

太阳不像地球那样有着固态内核和岩石表面，不过科学家们仍然将太阳分为若干层：

内核

由于核聚变反应（见下文），发出巨大的能量，温度高达 1500 万摄氏度。

辐射层

内核产生的能量穿过辐射层抵达对流层。

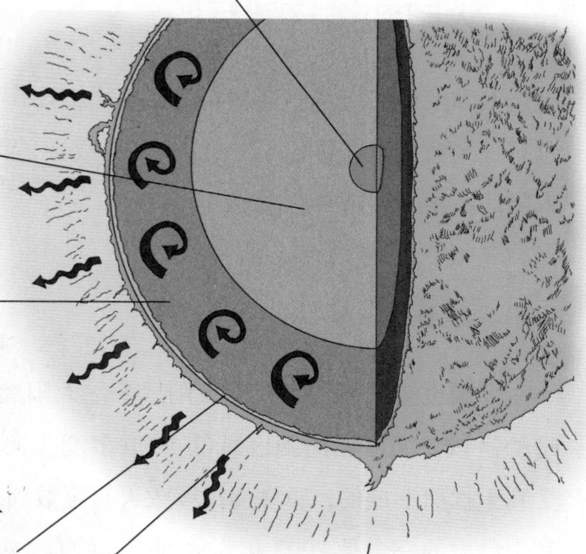

对流层

在这一层中能量以循环打圈的方式抵达光球层。

光球层

光球层就是我们看到的太阳表面，温度刚过 5500 摄氏度。

色球层

太阳的内大气层。

日冕

太阳的外大气层，厚度超过数千千米，温度可达数百万度。

太阳的内核密度极高，尽管其体积只占整个太阳体积的2%，质量却占整个太阳的约五分之三（关于质量，更多见“引力”中“质量课”一节）。

太阳内核的巨大温度和压力，将其中的氢原子渐渐撕裂。氢原子的内核，即氢原子核，相互聚合起来，形成了氦原子。这个的过程叫作核聚变，会释放大量能量。

太阳会燃烧殆尽吗

太阳的核聚变每秒消耗6亿吨氢。太阳不可能一直这样持续下去，总有一天会能量耗尽。不过，你大可以放心，至少在未来的50亿年内，太阳还不至于出现能源危机。

破相了

太阳也会长斑，那就是太阳黑子。太阳黑子是光球层中看上去较暗的区域，温度比周围区域低1000多度。太阳黑子是由于太阳磁场受到干扰而形成的，通常会持续数天甚至数周。太阳黑子的大小不一，其中最大的一个是2003年观察到的，约有15个地球那么大。

你知道吗

太阳耀斑是太阳表面发生的巨大爆炸，这种爆炸向太空喷发出粒子和能量风暴。2002 年观察到的一个太阳耀斑所包含的能量超过 50 亿颗原子弹的能量总和。

神秘的水星

水星的英文名“Mercury”源于古罗马神话中的墨丘利神。传说墨丘利穿着带翅膀的拖鞋，行动非常迅捷。和墨丘利神一样，水星的运转速度也很快，是太阳系中公转速度最快的行星，也是距离太阳热焰最近的大行星。水星以 47.87 千米 / 秒的速度绕太阳运转。如果你能按照这个速度飞行,那么只需要不到两分钟时间你就能从伦敦飞越大西洋到达纽约。

水星还是太阳系中最小的行星，其质量仅为地球的 5.5%。这意味着 18 个水星加起来，质量才能和地球不相上下。

好大一个坑

水星上只有含量微乎其微的氦气，此外没有任何大气。因此水星上没有风，也不会有雨。这就意味着水星表面的环形山和数千米高的山崖永远不会被侵蚀。水星表面最大的环形山，卡路里斯盆地，据说是大约 40 亿年前一个巨大天体撞击水星后留下的。这个环形山宽度约为 1550 千米。

你知道吗

如果你站在水星表面，那么你看到的太阳的直径将是在地球上看到的太阳的 3 倍大。

水星数据

距离太阳： 4.6×10^7千米—6.98×10^7千米。
直径： 4879千米
质量： 3.3×10^{23}千克
自转周期： 58.6个地球日
公转周期： 88个地球日

金星，地球暴戾的孪生兄弟*

金星的组成在很大程度上与地球类似。和地球一样，金星有一个主要成分是铁和镍的固态内核；外面包裹着液态外核；然后是岩石状的幔，最外层是岩壳。金星的密度比地球略小，其赤道附近的直径约为 12 104 千米，仅比地球直径小 652 千米。和地球一样，金星也有着厚厚的大气层。金星表面的重力约为地球表面的 90%。听上去还不错，不过……

接下来是坏消息

地球大气层的主要成分是氮气和维持生命的氧气，只有不到 1% 是二氧化碳。相反，金星的大气层中几乎不含氧气，差不多全是二氧化碳——含量超过了 95%，事实上，二氧化碳像一层厚厚的毯子盖住了这颗星球。

在地球上，大气中二氧化碳和其他温室气体含量的少量增加，就会导致全球变暖——全球气温升高。在金星上，大气层锁住了太阳大量的热能，使得金星表面的

* 虽然实际谈不上暴戾，不过你大概不会想要在这颗星球过暑假。——原注

温度远高于太阳系的其他行星，达到了465℃，这个温度足以融化金属铅。

在巨大的气压下

酷热还不是金星最糟的问题，大气层产生的气压更糟糕。它对金星表面产生的气压是地球大气压的90倍。

如果有宇航员登陆金星，那么他会立刻被压成肉饼，同时被二氧化碳呛住，这还是在他能穿过金星厚厚的大气层并且顺利着陆的前提下。金星大气层的风速达到了400千米/时，厚厚的云层里落下的是硫酸雨。

这些因素使太空探测器也很难适应金星的恶劣环境。很少有探测器能够在金星的大气中撑过几个小时。不过，1981年苏联发射的“金星13号”探测器在金星表面待了127分钟后才停止工作。

明亮的星星

金星是离地球最近的行星，其轨道中与地球最近的点距离地球约

为 4.2×10^{7} 千米。这就意味着从地球上很容易看到金星，它在天空中看上去是一颗非常明亮的星星。

金星数据

距离太阳：1.075×10^{8}千米—1.089×10^{8}千米
直径：12 104千米
质量：4.87×10^{24}千克
自转周期：243地球日*
公转周期：224.7地球日

* 在太阳系中，只有金星和天王星的自转方向与公转方向相反。——原注

岩石构成的红色火星

火星是离太阳第四近的岩质行星。很多个世纪以来，人们都希望，或者说担心火星上有外星生命。不过，目前为止从地球向火星发射了30多颗火星探测器，都还没发现过火星人。科学家们发现数十亿年前火星表面的确存在过液态水。而如今，火星上仅存的水要么固化在两极的冰盖中，要么在火星表面之下。

火星绕太阳转一圈所需的时间大约是地球公转周期的2倍。不过火星上的一天和地球上的一天差不多长——24小时37分。然而，火星的直径仅为地球的一半，重力仅为地球的三分之一。人类要是在火星上着陆，会发现自己受到的重力只有在地球上的38%。

虽然火星的引力比地球小，它仍捕获了两颗小卫星，火卫一和火卫二。许多科学家认为这两颗卫星是被火星引力捕获的小行星。

火星数据

距离太阳：2.066×10^8千米—2.492×10^8千米
直径：6792千米
质量：6.42×10^{23}千克
自转周期：1.03地球日
公转周期：687地球日

红色的行星

3000多年前，古埃及人将火星命名为“Her Descher”，意思是“红色的星星”。火星的红色来自其富含氧化铁的岩石——氧化铁也就是我们熟悉的铁锈。经过数百万年的时间，这些岩石逐渐风化碎裂，成为覆盖大部分火星表面的红色土壤。火星上的强风造成了经常席卷整个星球的尘暴，这也使得火星的大气染上了红色。

火星的部分表面是绵延不断的沙丘，但这些沙漠并没有阳光暴晒后的高温。火星上的温度范围，从夏季赤道附近怡人的20℃，到冬季夜晚极地冰冷刺骨的-87℃。

山高壑深

火星有两大创纪录的特征。首先，火星赤道南部，有一巨型峡谷群——水手谷。这些峡谷绵延4000多千米，深度是美国科罗拉多大峡谷的五倍。如果它们出现在地球上，那么将横跨整个美国。你说大不大！

火星上的奥林匹斯山是太阳系中最大的火山，它的跨度达到了624千米。高度据估算达到了25千米，大约是地球上最高峰珠穆朗玛峰的3倍。

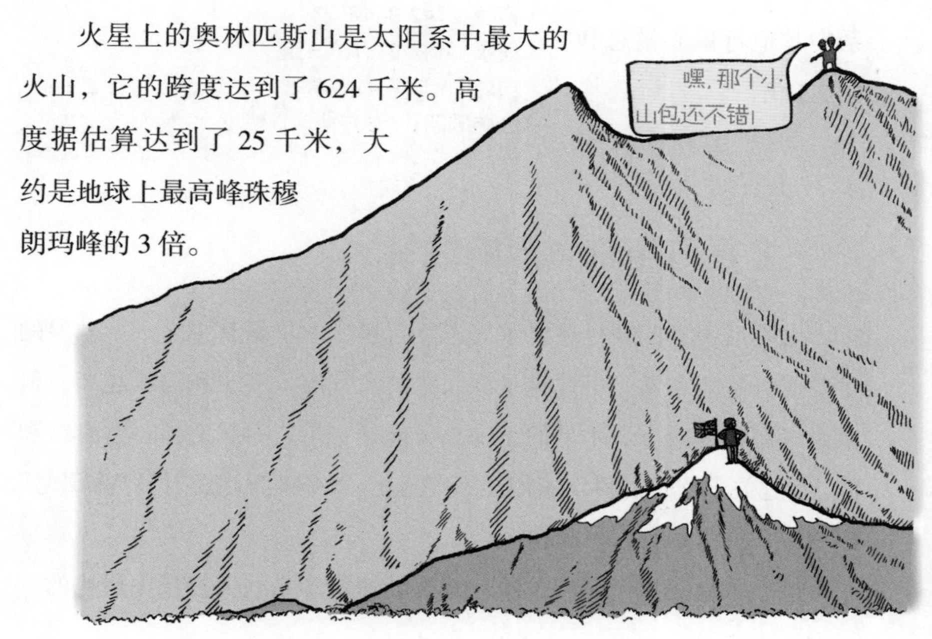

巨大的木星

毫无疑问，木星是巨大的，其赤道直径达到了142 984千米。如果掏空木星，那么它装下1321个地球还绰绰有余呢。

木星的质量是太阳系中其他行星质量总和的2.5倍！

木星数据

距离太阳：7.405×10^{8}千米—8.166×10^{8}千米
直径：142 984千米
质量：1.899×10^{27}千克
自转周期：0.41地球日
公转周期：4 331地球日

全是可用来煮饭的燃气

太阳系中有四颗行星属于气态巨行星，木星是其中之一。木星的主要成分是氢和氦。不过越是深入它的大气层，气压和温度越高，氢也由气态转为液态。木星的正中央可能是一个岩石状的核，含有铁和硅，不过关于这一点科学家们还不能肯定。NASA为此发射了“朱诺号”探测器，试图解开这一谜团。

虽然木星是一个庞然大物，其旋转速度却是八大行星中最快的。

木星完成一次自转只需要 9 小时 56 分 30 秒。这种高速自转使得木星的赤道膨出，而南北极则较扁——就好像你用双手挤压橡皮球时看到的那样。

大红斑

如果坏天气持续整个周末，你一定非常不愉快。现在想象一场持续了 350 年的风暴——这就是木星大红斑（GRS）。从 17 世纪中期人们首次观察到它，直至今天，这场风暴仍未停歇！它内部的旋转速度超过 500 千米 / 时。由于大红斑的面积达到了大约 2.5 万千米 ×1.2 万千米，即使是业余天文爱好者也可以观察到它。2000 年，人们还观察到了木星上的另一个风暴，其面积与地球的大小相当，被命名为卵形斑 BA 或小红斑。

很多很多卫星

著名的天文学家伽利略（见“谈谈望远镜”一节）于 1610 年发现了四颗环绕木星运动的卫星。自那时起，天文学家们陆续发现了另外 67 颗木星卫星。木卫三是木星最大的卫星，直径达到了 5262 千米，甚至比水星还要大。

木卫一略小，但这颗卫星上有很多翻腾着的火山，喷出的岩石和火山灰构

成的羽状物能够到达距卫星表面300千米的高度，非常壮观！

不过，最令人激动的可能还当属木卫二。这颗卫星冰冻的表面下存在液态水，在那下面甚至还可能存在某种形式的生命！

轻飘飘的土星

接下来要介绍的是太阳系第二大的行星——土星，它也是一颗巨大的气态行星。相比地球，土星的公转轨道非常长，需要 29.5 个地球年才能完成一圈公转。与此同时，土星的自转却非常快，仅 10 小时 39 分就能转完 360°，这一点与木星相似。所以，土星的形状是科学家们说的扁球体——两头扁、中间鼓。

土星数据

距离太阳：1.353×10^{9}千米—1.515×10^{9}千米
直径：120 536千米
质量：5.688×10^{26}千克
自转周期：0.45地球日
公转周期：10 747地球日

轻得可以浮在水面上

毫无疑问，土星是一个庞然大物。不过相对于它的大小，土星的密度实际上是太阳系中最小的。事实上，土星是唯一可以浮在水面上的行星——你能找到一个超大的游泳池把土星装进去的话。

指环王

尽管木星、天王星和海王星都有环，但土星环是最为著名的，它是最大且最亮的。人们早在 17 世纪时就观察到了 27.5 万千米宽的土星环，而它也是唯一可以用小型望远镜就能观察到的行星环。土星有 7 个主环，分别以字母 A 到 G 命名，此外还有数百条环绕土星的窄环。土星环是由尘块、冰块和岩块组成的，这些物质能够反射光线，使得这些环看上去像是固体圆盘，但其实每个环的内部都有许多空隙，你可以轻松驾驶巴士穿越。

当心空隙

说起空隙，土星环 A 和土星环 B 之间有一个 4800 千米宽的大大的空隙。人们以 1675 年发现它的天文学家卡西尼的名字将其命名为卡西尼环缝。

冰冷的心

土星轨道离太阳最近的距离约为 1.35×10^9 千米，是地球的 9.5 倍远。因此，土星表明寒冷刺骨，温度仅为 −140℃左右。土星的成分 95% 为氢气，其余几乎全部为氦气。科学家们认为，在土星的气体层之下，可能有着一颗直径约 12 000 千米的炙热内核。

非凡的土卫六

已知的土星卫星共有 53 颗，其中最大的一颗名为土卫六，直径 5150 千米，比水星还要大。天文学家们对这颗卫星十分着迷，因为它是太阳系中唯一已知拥有厚厚大气层的卫星，它的大气压约为地球大气压的 1.6 倍，大约相当于你在游泳池底部所感受到的压力。土卫六的大气中含有氩气、甲烷、二氧化碳和氰化氢——没错，就是剧毒物氰化氢。不过氮气在土卫六大气中占 80%，因此土卫六是太阳系中唯一氮气含量接近地球的星球。

倾斜的天王星

天王星与太阳的平均距离是 19.22AU，或者说 2.871×10^{9} 千米。天王星接收到的太阳能量仅为地球的0.0025%，这使得天王星表面的温度估计低于 –200℃——我想没有人愿意拿着温度计到那里去测量吧。

天王星数据

距离太阳： 2.741×10^{9}千米—3.004×10^{9}千米
直径： 51 118千米
质量： 8.68×10^{25}千克
自转周期： 0.71地球日*
公转周期： 30 589地球日

不同寻常的四季

和土星一样，天王星也有环，还有 27 颗卫星。天王星绕太阳公转一圈需要 84 年，且与其他行星不同，天王星自转轴与公转轨道几乎重合。这使得天王星的四季在太阳系里格外与众不同——比如，北极地区每次朝向太阳的时间长达 42 年，使得那里的夏季非常长，而与此同时南极却陷入同样漫长的黑夜和凛冽的冬季。

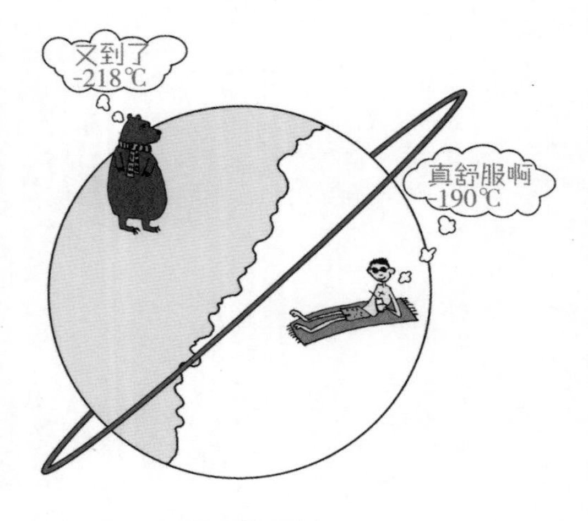

* 和金星一样，天王星的自转方向与公转方向相反。

海王星上没有生日

如果你觉得天王星太让人难以接受的话，那么不妨再看看海王星。你在地球度过 164 个生日，才能在海王星上迎来第一个生日。对，作为太阳系八大行星中最远的一颗，海王星绕太阳一周就是需要那么久！不过，海王星上的一天却比地球上的短。海王星自转一周，仅需要 16.11 小时。

海王星是四大气态巨行星中的最后一个，其大气层的主要成分是氢和氦。海王星的甲烷含量也比常见的略高，这为高性能望远镜下的海王星增添了一抹蓝色。1989 年，“旅行者 2 号”探测器飞经海王星附近，观测到了一场巨型风暴，面积与整个地球相当。这场风暴现在被称为大暗斑，其运动速度达到了 2400 千米 / 时！

海王星数据

距离太阳：4.445×10^9千米—4.546×10^9千米
直径：49 528千米
质量：1.024×10^{26}千克
自转周期：0.67地球日
公转周期：60 189地球日

把暖气打开，海卫一

在海王星已知的 13 颗卫星中，海卫一是最大的一颗，也是最冷和最令人着迷的一颗。海卫一表面温度最低仅为约 –235℃。它的表面有着巨大的峡谷，满是冰和氨的冰冻湖泊，以及不时喷发出数千米高氮气和甲烷气体的冰火山。

可怜的冥王星

可怜的老冥王星，在顶着太阳系第九大行星和太阳系中最远的行星这顶桂冠76年后，却被踢出了大行星行列，归入了“矮行星”（见下文）。1930年，美国天文学家汤博发现了这颗大小仅为月球三分之二的星球。冥王星绕太阳旋转一圈，需要249年。冥王星的公转轨道，与太阳最近的距离大约44.4亿千米，最远的距离大约73.95亿千米——是太阳到地球距离的49倍多。

怎么叫这个名字

你知道吗？冥王星其实是1930年由一个11岁的英国小女孩伯尼命名的。当时，伯尼正在读古罗马的神话，其中掌管冥界的神名字叫普鲁托（Pluto）。伯尼的祖父与当时正在绞尽脑汁为这颗星球命名的天文学家之一认识，于是就把伯尼在早餐时随口提议的这个名字告诉了他*。

不过就是一颗矮行星

在冥王星还被归为行星时，它无疑是太阳系中最小的——直径仅为2300千米，比澳大利亚的宽度还要小。一些天文学家始终质疑它是否该是太阳系的第九大行星。到2005年，太阳系中又发现了一颗

* 中文在翻译作为行星名称使用的“Pluto”时，译为“冥王星”。——译注

天体——阋神星，争议升级了。阋神星的大小与冥王星相当，甚至还略大一点。是该把阋神星列为第十大行星，还是说冥王星和阋神星属于另一类天体呢？

最终，国际天文学联合会召集了全球顶尖的天文学家。他们投票决定将冥王星、阋神星和谷神星（小行星中最大的一颗）划分到一个全新的类别“矮行星”中。这类矮行星是围绕太阳转动的球形天体，但其大小无法产生足够的引力将其轨道中可能会存在的岩石和其他物质推开。

系上腰带

在火星和木星之间有一条甜甜圈般的小行星带，其中含有数以百万计的小行星。这些小行星大多是形状不规则的岩石或者由岩石和金属构成的团块。它们大小不一，小的只有几米宽，大的可以达到数百千米。

天文学家们已经命名了其中的 15 000 颗天体，而已发现却未命名的还有 20 万颗，它们被认为都是太阳系形成时留下的碎片。已知的小行星，约90%都是在这个称为主带的小行星带中被发现的。不过，其他地方偶尔也会发现小行星群，例如跟随木星轨迹围绕太阳旋转的特洛伊群小行星。

没那么小

谷神星于1801年被发现，是首个被发现的小行星。谷神星也曾是最大的小行星，直到它被归到矮行星的行列。目前，最大的小行星是智神星，大小为570千米 ×525千米 ×482千米。智神星的表面不能很好地反射太阳光，因此最明亮的小行星并不是智神星，而是灶神星。灶神星也是唯一在地球上无须借助望远镜、用裸眼就能看到的小行星。

太空中的雪球

彗星也是有规律地围绕太阳旋转的巨大天体。它们的主要成分是冰冻的水和气体，如一氧化碳、氨和甲烷等，还有尘埃、金属和岩石颗粒物。因此，彗星也常常被形容成脏雪球。

转呀转

彗星环绕太阳的转动轨道是巨大的椭圆形。在很长一段时间里，它们都离太阳系里的温暖区域很远很远。不过，当它们沿着轨道飞向太阳系内区的行星时，太阳的热会引起一些变化。彗星的中央也是一个固态的核，外面是拖着长长尾巴的慧发，主要由气体和尘埃组成。

惊人的发现

1996 年，日本天文爱好者百武裕司仅用双筒望远镜就发现了百武彗星。2 个月后，百武彗星以超过 90 000 千米/时的速度与地球擦肩而过，当时与地球的距离仅为 0.1 天文单位。科学家们怀着巨大的兴趣对它作了研究。2000 年，天文学家们发现百武彗星有一条不可思议的尾巴，长度约 5.7 亿千米——大约是地球与太阳之间距离的四倍！

彗星从哪里来

天文学家认为大多数彗星来自太阳系的外围。它们可能来自距离太阳约 30—100AU 的一个被称为散射盘的区域，或者更远的奥尔特云——距离地球约 5000—100 000AU 的区域。

像钟表一样准确

百武彗星在你的有生之年都不会再回来了。根据估算，这颗彗星环绕太阳旋转一周所需要的时间约为 17 000 年。然而，许多彗星的轨道要短得多，能够定期出现在我们的夜空中。恩克彗星每 3.3 年出现一次，是最经常光顾的彗星。而最著名的彗星则是哈雷彗星，它的首次发现可以追溯到公元前 240 年。哈雷彗星每 75 年或 76 年光顾地球一次，大约 940 多年前，诺曼人入侵英国时，这颗彗星曾经出现在天空中。著名的贝叶挂毯描绘了公元 1066 年黑斯廷斯战役的景象，其中就有这颗彗星的身影！

难免相撞

舒梅克–列维 9 号彗星有一个悲惨的结局。1994 年，这颗彗星的碎片以 216 000 千米 / 时的速度撞进木星大气层！由于天文学家们已经事先预测了这颗彗星的轨迹，所以这是他们历史上第一次见证两颗太阳系天体之间的碰撞。这次碰撞总共持续了五天半时间，一块彗星碎片撞击木星所释放出的能量，相当于地球上所有核武器同时爆炸释放出的能量的 600 倍之多！

流星体还是陨石

流星体是进入地球大气层的大块岩石、灰尘或金属。流星体大多是小行星的碎片，但也有少量是来自火星、月球或彗星的碎片。陨石也是如此，不过流星体和陨石之间还是存在一个差别。大多数流星体在进入大气层后迅速燃烧殆尽、熔融，并在夜空中划出长长的光迹，因此称为流星或天落星。也有一些较大的流星体在穿过大气层的过程中仍有部分残骸留下，这部分残骸掉到地面，称为陨石。迄今为止，全世界共发现了超过 32 000 块陨石。

哎哟

1954 年，一位叫霍奇斯的美国女性成为了已知第一位被陨石砸中的人。这颗陨石砸穿了她家屋顶，并擦伤了她的臀部和手。当然，霍奇斯还算幸运，因为砸中她的那颗陨石质量仅为 4 千克，大约和一只猫差不多。已发现的最大陨石，是 1920 年在纳米比亚的西霍巴找到的，质量超过了 54 000 千克。

无处不在的陨石轰击

令人吃惊的是，地球其实每一天都在经受来自太空的轰击。NASA 估计每年有大约 1000 至 10 000 吨太空物质抵达地球，但其中大部分是来自太阳系的尘埃微粒。偶尔，诸如彗星、小行星等较大物体也会撞击地球，这种撞击留下的坑甚至比撞击物本身还要大。例如，美国亚利桑那州有一个 1.2 千米宽的陨石坑，而撞出这个陨石坑的撞击物直径仅有 30 米。

你知道吗

现在许多科学家相信，一颗落在墨西哥尤卡坦半岛的小行星导致了恐龙的灭绝。大约 6500 万年前的这场撞击，造成了席卷全球的大洪水和剧烈的火山喷发。灰尘覆盖了整个天空，整个地球都因此进入了漫长的冬天。

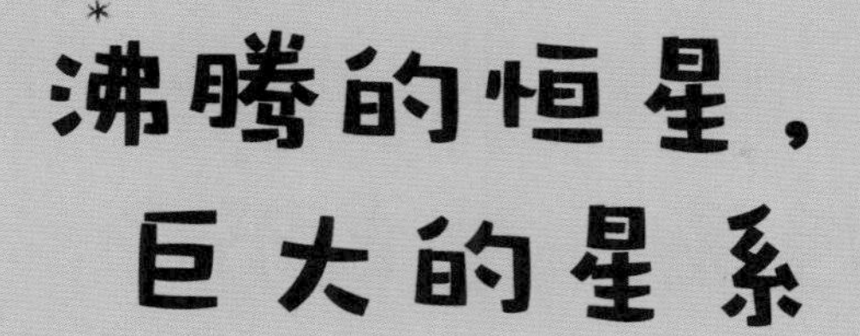
沸腾的恒星，
巨大的星系

那就是银河了，黛西。

恒星，数之不尽

绝大多数恒星都是炙热的气体球，它们在自身引力作用下汇聚在一起，而在恒星内部还有其他作用力。在恒星内核生成的炙热气体和能量试图向外扩张，而引力又强迫恒星向内坍缩。这有一点儿像一个人在吹气球，而同时另一个人在紧紧地挤压气球。在恒星一生的大部分时间里，这两种力是互相平衡的。

天文数字

恒星，还有一些已经死亡的恒星或者未能形成恒星而留下的气体和尘埃残余物构成了星系。星系的形状和大小各不相同，不过有一个共同之处就是它们都很大。

天文学家认为宇宙中的星系或许多达2万亿个，而且有可能还多得多。一个很小的星系，也含有数亿颗恒星。更大一些的星系中恒星的数量更是可以达到数千亿颗。太阳系的恒星，也就是太阳，绝非太空中唯一的恒星。

恒星有多少

说真的，连天文学家也说不清总共有多少颗恒星。很久以前，人们以为恒星的总数约为一千颗。不过随着望远镜和其他科学仪器的进步，天文学家们现在能观测到更深远的太空，而对恒星总数的估计也在不断增加、增加、又增加……

2003 年，澳大利亚天文学家估算，在已知宇宙的范围内，恒星的总数约为 7×10^{22} 颗。因此，宇宙中恒星的数量，比地球上所有沙滩中的沙粒总数还要多！

不过，这个数字可能还不够大。2010 年，天文学家用夏威夷的凯克望远镜进行观测，宣布恒星总数可能比之前预测的 3 倍还要多。

光年之远

描述太阳系内的距离，天文单位（AU）就足够了。不过，想要衡量恒星和星系之间的距离，就需要一个更大的距离单位。于是，天文学家使用了光年——光传播一年走过的距离——即 9 460 528 404 847

千米，相当于 63 240AU。这意味着光一秒钟就行进几乎 30 万千米——足够风驰电掣般地环绕地球赤道七圈多！

距离太阳最近的恒星是半人马座的比邻星，比邻星距离地球 4.24 光年，即 271 928AU。如果飞行器以 80 千米 / 时的速度前往比邻星，那么需要 5600 万年才能抵达。即使以喷气式飞机速度的 30 倍，即 25 000 千米 / 时的速度飞行，你的这次旅行也需要 181 000 年。

时间旅行

由于太空中的距离跨度实在太大，很多事情就显得不可思议。其中最重要的一点是，光线可以在一瞬间穿过房间传播进你的眼睛，但是随着距离增大，其传播所需的时间也会增加。例如，光从太阳传播到地球需要 8 分钟，这就意味着你看到的太阳实际上是 8 分钟之前的太阳。是不是很不可思议？

光传播的时间	天文单位	传播距离（千米）
光传播 1 秒	0.002	299 792.5
光传播 1 分钟	0.1202	1798 万
光传播 1 天	173.14	259 亿
光传播 1 年	63 240.2	9.46 万亿

天文学家们观测到的一些恒星和星系其实都在数百万光年外。这就意味着从那里发射出的光花了数百万年穿过太空才抵达地球。所以，我们现在看到的恒星或星系，其实是光从那里出发时的景象。这么一来，你手中的望远镜突然就成了一件时间机器，使你能够回溯数百万年的时间。这个概念对于天文学家尤其重要，因为他们可以通过观测遥远的恒星和星系来推测宇宙更早期的样子。

恒星的一生

恒星也有诞生、发展和死亡，但其寿命不是以百年来计算，而是数百万，甚至数十亿年。距离地球最近的恒星是太阳，它现在已经46亿岁了。天文学家还在宇宙中找到了许多比太阳老得多的恒星。例如，银河系中已知的最古老的恒星 HE 1523-0901，已经有136亿岁了。

恒星的诞生

星云是由庞大的气体云组成的，其中的主要气体是氢和氦，此外还有大量的尘埃。星云是孕育恒星的温床，绝大多数恒星都发源于星云。

天文学家认为这些物质大多是从前的恒星爆炸或死亡后的残留物。不过，也有一些更老的恒星是由宇宙大爆炸（见“那么这一切是如何开始的？”一节）留下的物质形成的。

距离地球最近的超大恒星育婴室是猎户座星云。这片星云很庞大，直径达到了30至40光年。天文学家已经在此星云中找到了超过150颗孕育中的恒星。

原恒星

引力将星云中部分区域内的物质拉到一起，开始坍缩，与此同时其密度增大而且温度升高。在中心区域，或者说核区内，温度和压力升得最快。这又产生了更大的引力，吸引更多的物质。当旋转的核自己发生坍缩时，温度变得越来越高——成为了一颗婴儿恒星，或者说原恒星。

褐矮星

并不是所有原恒星都能如愿以偿地成为恒星。有些原恒星因为核的质量不够大、温度不够高或者压力不够大而无法启动核聚变反应（见“关于太阳”中“一座巨大的核反应堆”一节）。这些天体会在太空中继续存在下去，但由于温度和亮度远不及明亮地燃烧的恒星，因而很难被观测到——它们被称为褐矮星。

1994年，人类首次发现了褐矮星，命名为格利泽229B。据估计，它的质量约为木星的20—50倍。

最冷的褐矮星

2011 年，天文学家们观测到了一颗可能最冷的褐矮星。它被称为 CFBDSIR 1458+10B，距离地球约 75 光年，温度仅约 90℃，相当于一杯刚泡好的茶的温度。

明“星”的品格

一旦开始升温和旋转，恒星内核的核聚变反应（见“关于太阳”中“一座巨大的核反应堆”一节）就将持续数十亿年。恒星的一生，大约90% 的时间都维持着相对稳定的发热、发光。天文学家们把恒星的这段时间称为主序，处于主序的恒星持续不断地燃烧氢气制造氦气。例如，太阳已经进入主序超过 40 亿年，并且这个过程还会持续很多很多年。

恒星越大，寿命越短

你也许会认为，恒星越大，质量越大，那么就一定会有更多可供燃烧的燃料。这一点没错，但是如果你认为燃料越多，可以燃烧的时间也就越久，那么你就大错特错了。质量越大的恒星，其核内的温度也越高，因此其内部核聚变的反应速率更高，燃料消耗也更快。例如，一颗质量为太阳 10 倍的恒星，其主序时间仅为 2000 万年。

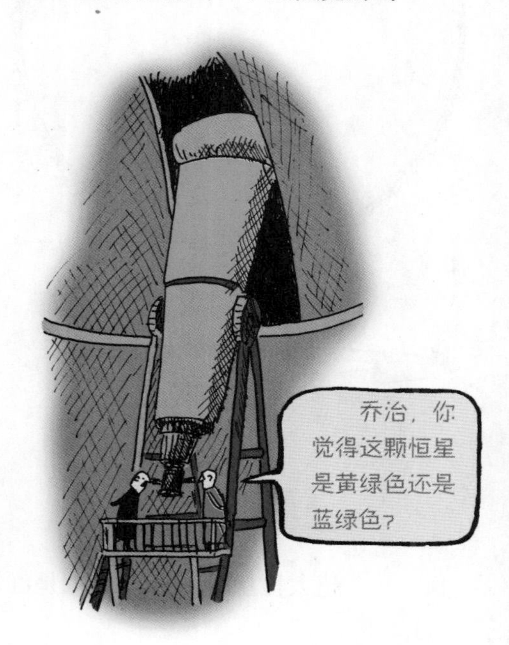

恒星的颜色

天文学家用来衡量和划分恒星的依据有很多——大小、质量、位置、温度甚至颜色。

恒星的颜色通常取决于温度。温度最低的那些恒星发出暗红色的光芒，而最炙热的则发出蓝白色的光芒。大多数恒星可以根据其颜色归入7个“光谱型”之一，最热的O型温度在30 000℃以上，最冷的M型温度在2100℃到3200℃。按照温度由高到低排序，7种光谱型是O、B、A、F、G、K和M。太阳属于G型恒星。

巨星与矮星

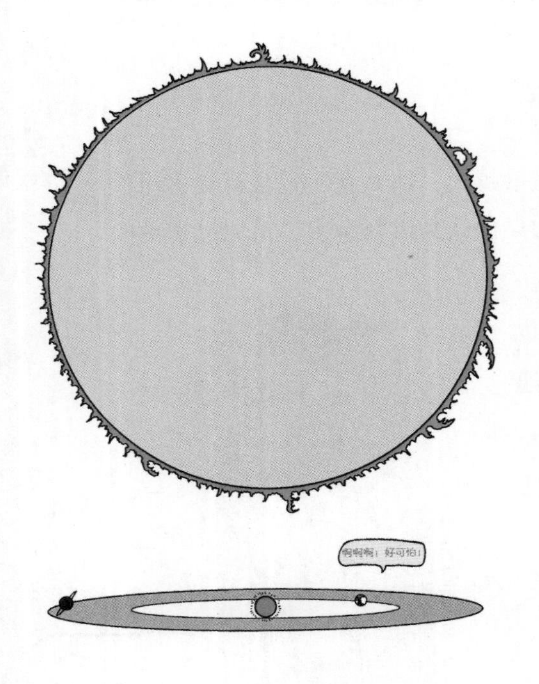

不同的恒星大小和质量有很大差异。太阳的直径是139.2万千米，比太阳大和比太阳小的恒星都有许多。例如，猎户座的参宿七是一颗B型恒星，距离地球约400光年。这颗恒星的直径大约1亿千米。目前已知的最大恒星之一是大犬座VY星，这颗恒星是绝对的庞然大物，是M型恒星，距离地球约4900光年，大小是太阳的1800至2100倍。如果把这颗恒星放到太阳系中，那么它的外表面几乎要碰到土星。

红矮星

超大恒星的另一个极端是红矮星——最小的一类恒星。红矮星的质量约为太阳的十分之一到二分之一，燃烧得也远没那么激烈。这就意味着，它们的燃烧时间更长。半人马座的比邻星，还有巴纳德星和许多与地球临近的恒星都属于红矮星。

更小的恒星

已知的最小恒星之一是 Ogle-TR-122b——真是一个非常拗口的名字！这颗恒星是由位于智利的甚大望远镜（VLT）发现并作了测量的，它的半径约为 167 000 千米，其大小仅比木星大 20%。相比于太阳直径 1 392 000 千米，它要小得多。然而，这颗恒星密度很大，其中的物质非常坚实，质量约为太阳的 50 倍。

裸眼可见的恒星

从地球上不同的地方可以用裸眼看到的恒星多达 6000 余颗。如果天气晴朗，且远离城市灯光，你可能可以一次见到 3000 颗之多。肉眼能否看到一颗恒星，部分取决于恒星的明亮程度，部分则取决于它们距离地球的远近。

距离地球最近的恒星	与地球的距离（光年）
半人马座比邻星	4.24
巴纳德星	5.90
沃尔夫 359 星	7.80
拉朗德 21185 星	8.30
天狼星	8.60

恒星的亮度

天文学家们用几种不同的方法来表示一颗恒星的明亮程度。“视星等”表示这颗恒星在地球上观察到的亮度。视星等的取值范围有一点怪，它从负数（表示最亮）到正数（表示最暗）。视星等每升高或降低 1，表示星光减暗到原来的 1/2.5 或增亮到原来的 2.5 倍。例如，天空中最明亮的行星金星，其视星等为 –4.4，而太阳系外最亮的恒星天狼星，视星等为 –1.4。这表示天狼星比金星暗，后者的亮度是前者的 15.6（即 2.5 × 2.5 × 2.5）倍。毫无疑问，太阳的亮度秒杀其他所有恒星，因为它距离地球近。太阳的视星等为 –26.7。

天空中第二亮的恒星是老人星，其视星等为 –0.6。大角星和织女星的视星等约为 0.0。这听上去不怎么样，不过已经是从地球上可以看到的第五和第六明亮的恒星了。用裸眼能看到的最暗的恒星，其视星等为 +6。

视星等这种计量方式，对于那些到地球的距离比天狼星及其邻近恒星还要远得多的恒星而言，就不那么公平了。于是，天文学家使用了另一种计量法，即“绝对星等”。绝对星等指的是假定把所看到的恒星都放到离地球 32.6 光年远处时应该具有的亮度。太阳的绝对星等是 +5，并不算特别明亮。而属于红矮星的半人马座比邻星的绝对星等则为 +15.45，可以说相当暗弱了。从绝对星等来看，最明亮的恒星之一是猎户座的参宿七，其绝对星等达到了 –8 左右。

末日的开端

虽然恒星可以持续燃烧数十亿年，但其燃料也总有用尽的一天。当恒星核内的燃料开始消耗时，大小和质量通常就决定了这颗恒星的命运。例如，质量较小的红矮星只是慢慢地消亡，而较大恒星的宿命则复杂得多。

恒星的命运

如果一颗平均尺寸与太阳差不多的恒星用完了其核内的大部分氢燃料，它的体积会开始膨胀，成为一颗红巨星。这个阶段太阳很可能会把水星、金星甚至地球全部吞没。

随着红巨星的膨胀，其核内开始发生燃烧氦气的核反应。它的外层继续燃烧氢气，持续扩张并发出愈加明亮的光。这颗恒星会将其外层的大部分喷射至太空，形成一个由气体和尘埃组成的星云。这种星云被称为行星状星云，尽管它其实和行星没有任何关系。一段时间后，这个星云飘散了，留下一个逐渐冷却的恒星内核。它被称为白矮星。白矮星很小，但质量却很大。小小一茶勺的白矮星上的物质，质量就可以达到 13.6 吨！白矮星可以继续发光数百万年，在消逝之前慢慢地向太空释放其全部热能。

真实的“大”结局

当质量为太阳的 8 倍或以上的恒星开始膨胀时，它们会成为超巨星。猎户座的参宿四就是一颗红超巨星，大小是太阳的300—700倍，其释放出的能量也是太阳的成千上万倍。庞然大物也！

随着核内的核聚变用尽燃料，超巨星的核迅速收缩。随着引力迫使恒星坍缩，温度剧烈上升。这通常会以一场巨大的爆炸告终，称为超新星爆发。这场爆炸会将恒星的大部分物质抛射到极远处。1054年，中国古代的天文学家观察到了一颗超新星，它离地球6500光年远，其明亮程度足以在白天也能看到，并且持续了整整一个月。

你知道吗

一次典型的超新星爆发所释放的能量，比太阳在长达100亿年的一生中释放的总能量还要多。

中子星

一些超新星爆发时产生了一个密度极高的核，形成了一颗“中子星”——宇宙中目前已知的密度最大的天体之一。一茶勺的中子星物质，质量可以高达一亿吨！

一些中子星以极高的速度旋转，并释放出强烈的无线电波。这些信号可以通过射电望远镜进行探测。人们将这类中子星称为脉冲星。目前已知旋转速度最快的脉冲星有一个奇怪的名字：PSR J1748-2446ad。它以极高的速率飞旋，每秒旋转 716 圈，速度超过 70 000 千米 / 秒——几乎达到了光速的四分之一。

黑洞有什么好大惊小怪

首先要宣布一个坏消息：黑洞并不是通往另一个宇宙的“任意门”，也不是外星人时空旅行的入口。对于这一点，科学家可以说是相当肯定了。黑洞是太空中密度大得不可思议的点，在这里，引力大到让所有你在学校已经学过或即将学习的物理学定律都被颠覆。

一些恒星经历了超新星爆发（见“末日的开端”一节）后，其中的核剧烈坍缩，直至在太空中形成一个密度极大的点，称为奇点。这个奇点的周边区域就被称为黑洞。黑洞中的引力非常强大，会将所有靠得足够近的物体拉进黑洞。任何东西，一旦被黑洞的引力捕获，跑得再快也无法逃脱，即使是光也不能例外。没有人准确地知道黑洞内部究竟会发生什么，但恐怕不会是什么好事。大多数科学家认为引力将把所有拉进黑洞的物体压得灰飞烟灭。

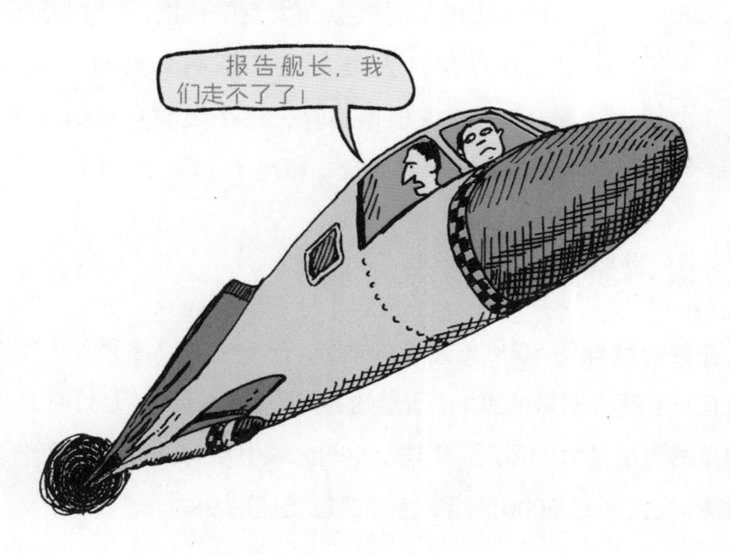

多远的距离是安全的

黑洞对于周边的事物极具破坏力，但无法吸引与破坏一定距离外的物体。这个界线被称为事件视界。毫无疑问，你一定不想待在事件视界范围内。

看不见的黑洞

光线无法从黑洞逃脱，所以人们是看不见黑洞的——发现黑洞的唯一方法是研究其周边物体所受到的作用。

例如，如果有一团气体云或者一颗恒星靠近黑洞，黑洞的引力会将其撕碎。当物质被猛拉向黑洞时，其速度会加快，与其他物质发生摩擦，这会造成不可思议的高温，可达 10 亿摄氏度，并释放大量 X 射线（见“巡视波的海洋”中“热斑”一节）。这些 X 射线会在太空中传播，并被观测到。

1971 年，人类发现了第一个黑洞——天鹅座 X-1。根据估算，这个黑洞直径约为 30—60 千米，质量却相当于 14.8 个太阳。

极端暴力

在距离地球约 5000 万光年的地方，有一个 M87 星系。这个星系的中央有一个超大质量的黑洞，质量约为太阳的 66 亿倍，是目前为止发现和测得的质量最大的黑洞。从这个空间区域中喷射出来的巨大气体和物质喷流，高度超过 5000 光年，速度超过光速的 98%。

银河家园

太阳系所在的星系是银河系。这是一个巨大的星系，直径达到了10万至12万光年，有至少2000亿颗恒星，可能更多。银河系中央是一个核球，直径大约30 000光年，周围是大约1000光年厚的圆盘。

恒星、气体和灰尘，从银河系的中央以长长的旋臂形式向外展开。其中有一个主支的小分支叫作"猎户臂"，这正是太阳系所在的位置，距离银河系中心约27 000光年。

你知道吗

正如行星绕着太阳运动一样，太阳系也在绕着银河系的中心运动。太阳系绕银河系中心旋转一圈，所需的时间约为2.25亿年。也就是说，假设今天太阳系正好转完了一圈，那么在这一圈开始的时候，恐龙才刚开始其长达1.6亿年对地球的统治。

所有的星系都是旋涡形的吗

科学家迄今已经观测到的星系中，大约 2/3 和银河系一样，是旋涡状的。这些星系有着由恒星和气体组成的弯曲的旋臂以及中央的核球。目前为止发现的最大的旋涡星系之一——风车星系，其大小大约是银河系的两倍。

另一些星系则是不同的形状，根据形状的不同，星系可以被划分为不同类型：

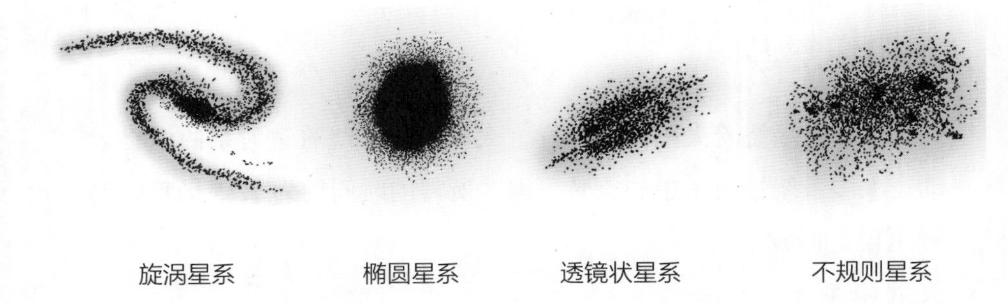

旋涡星系　　椭圆星系　　透镜状星系　　不规则星系

椭圆星系的形状都是圆球形或者椭圆形，这类星系还可分为从 E0（几乎正圆形）到 E7（长而扁的椭圆形）。科学家认为，椭圆星系集聚了大部分较为年老的恒星。透镜状星系和旋涡星系一样中央有核球，但没有旋臂。不规则星系则没有明显的形状。科学家认为某些不规则星系是在靠近甚至穿过另一星系时原来的形状被拉扯坏了。

草帽星系

我们最经常看到的旋涡星系是草帽星系的照片，它有一个中央核球和很大的盘状帽檐，样子与墨西哥草帽颇为相似。草帽星系距离地球 2800 万光年，直径在 5 万至 6 万光年之间，总质量相当于 8000 亿颗太阳的总和！

星系间的同类相残

有时候，宇宙中也会发生星系之间的相互碰撞。两个大小相近的星系的碰撞有可能在历经数百万年后相互融合为一个全新的星系。然而有时候，一大一小两个星系之间发生碰撞，那么较大的星系可能会吞没较小的那一个，这个过程称为并合。银河系的邻居仙女座 M31 星系就是一个臭名昭著的吞并者。天文学家们已经观测到这个星系正在吞噬一些矮星系，因为其巨大的引力会把一些较小的星系拉进去。

星暴

星系间的并合、碰撞，会使得星系中的大量气体被压缩，从而温度升高，触发剧烈的核燃烧。这会导致一连串的大质量星的诞生。例如，乌鸦座中的触须星系就是两个正在发生碰撞的星系，属于这类星暴星系，其中有大量的新恒星正在形成。

奔向碰撞

大多数星系都是在相互远离，不过银河系却颇为不幸。它可能正处在与前文所说臭名昭著的并合星系仙女座 M31 星系碰撞的道路上。这两个星系正以约 4.02×10^5 千米 / 时的惊人速度靠拢，不过不必杞人忧天，这两个星系的碰撞要在大约 40 亿年后才会发生，并且在碰撞后还需约 10 亿年左右方能合并为一个巨大的椭圆星系。

我在哪

星系本身也会群集在一起。银河系和仙女座 M31 都是一个名为本星系团（或本星系群）的星系集团的成员。本星系群中有超过 30 个星系，还包括旋涡状的三角座星系和大、小麦哲伦星云等。这两个麦哲伦星云绕银河系运动，是本星系群中离银河系最近的邻居。

天文学家还观测到太空中的另一些星系团，其所含的星系远多于本星系群。例如，后发星系团中有超过 1000 个星系，位于距离太阳系 3 亿光年处，直径达到了 2 千万光年。

宇宙中的万物似乎都可归属于更大的另一个集团，我们还可以更上一个台阶，如果你嫌星系团还不够大，那不妨来看看超星系团怎么样？超星系团是由引力相互联系在一起的星系群和星系团的集团。本星系团就隶属于拉尼亚凯亚超星系团，同样隶属于这一超星系团的星系群和星系团还有 10 万个左右，这个庞大集群的直径达 5 亿光年左右。

所以，你在宇宙中的完整地址应该是：

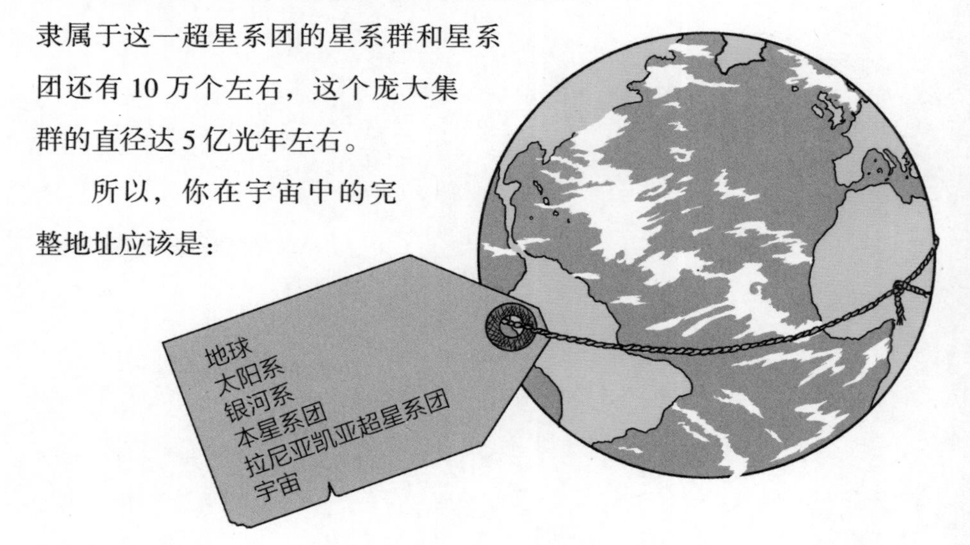

仰望星空

仰望星空

从人类历史的破晓时候起，人们就已经在仰望星空，为之折服。这些遥远得无法触及的光亮是什么，它们又为什么终年不停变换位置？

全世界的许多古代文明都对夜空进行了观测，并描绘出了星星的运动轨迹。有些民族，例如古巴比伦人、古玛雅人、古埃及人，都以太阳和月亮的运动来记录时间，并且以此创建历法。也有一些文明利用星星来“导航”。波利尼西亚人就是最早在太平洋上根据天空中星星的位置来进行长途航行的。还有许多古人认为对夜空的研究可用于预测未来的吉凶，他们包括巴比伦人、埃及人和中国人。

高危职业

在古代，天文学家可是一项高危职业。在4000多年前的公元前2137年，天文官羲和因为没能成功预测到日食而被处死。日食是月球运行到地球与太阳之间，其阴影正好投射在地球表面上造成的。中国古人认为日食是龙吞食了太阳，所以需要预警。

你知道吗

1973年，中国在一座古墓中发现了一本已有2500年历史的古代帛书，其中描绘了29颗彗星的运动轨迹。古代中国人把彗星称为“扫把星”。

星　座

不同的文明看出的星星图案有所不同，将星星划分为星座的方法也不同。不过，1929年，国际天文学联合会达成了全世界一致，将所有恒星分为88个星座。这些星座大多以古希腊或古罗马神话中的人物命名，例如英仙座（Perseus，珀尔修斯）、仙女座（Andromeda，安德洛墨达）等。这些星座中的恒星在太空中不一定离得很近，但是从地球上看时却是如此。

星群

星群指的是某些星座中的几颗恒星，它们组成了明显可辨的图案。它们的名字并不为科学家们所用，但是天文爱好者常常用它们来帮助辨认特定的恒星，例如：

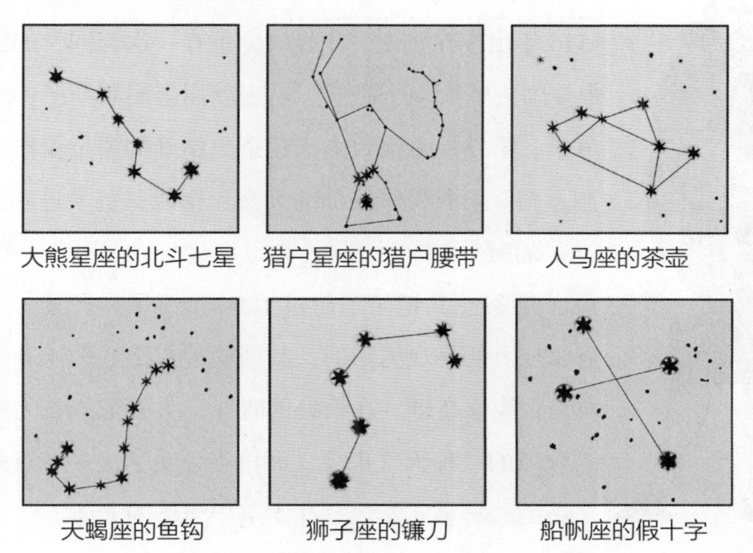

大熊星座的北斗七星　猎户星座的猎户腰带　人马座的茶壶

天蝎座的鱼钩　狮子座的镰刀　船帆座的假十字

观 星 家

早期天文学家会将所有他们能观测到的恒星和行星绘成星表。在大约公元前150年，古希腊科学家托勒玫出版了《天文学大成》，其中记录了48个星座，1022颗恒星。在他大约300年前，古希腊天文学家依巴谷编制了一部含有800余天体的星表。然而，比他更早200年，中国古代的天文学家们早已记录下了1464颗恒星。直至今日，天文学家们仍在使用星表，不过现在的星表中所包含的恒星数量要多得多，并且也更为精确了。

没有鼻子的人

第谷一生中的大部分时间都在观测星空。第谷1546年出生在丹麦，年轻时，他在一次与同学的决斗中被削去了大半个鼻子，后来就用金属制作了一个假鼻子。第谷一生都致力于建造更精确的测量仪器来绘制星图。第谷位于汶岛的天文台据说花费了丹麦王国5%的财力。

第谷总共记录了超过1000颗恒星和行星，并且全部是由裸眼观测到的，其精确度在之后的150多年内无人能够超越。在第谷的时代，大多数人认为彗星是地球的一种天气现象，而第谷证明了这一观点是错误的，彗星实际上是在太空中飞行的天体。

谈谈望远镜

望远镜发明于1608年，而像第谷这类出生于望远镜发明之前的天文学家们，如果能够预知到望远镜的发明，一定会嫉妒得发狂的。

制造精彩

最早的望远镜是由荷兰的眼镜匠发明的。他们将两块眼镜片放在一根中空管子的两端，这些镜片能比人眼汇聚更多的光线，还能将视野中的物体放大，使其看上去离观察者更近。望远镜不仅受到了天文学家的欢迎，也受到了水手和间谍的欢迎。

意大利科学家伽利略曾经在1609年亲自制作了一架望远镜。* 通过望远镜，他发现了月球表面满是山脊和环形山，而这些只用裸眼是很难看得到的。次年，伽利略又发现了四颗环绕木星转动的卫星。他还看到每晚金星的样子都有所不同，由此得出结论，金星一定是在围绕太阳转动。

当时的另一位著名科学家、天文学家名叫开普勒。开普勒曾是第谷的最后一任助手。他改进了望远镜，为母亲

* 切记，绝对不要直视太阳！那样会伤害你的眼睛。——原注

辩护（他的母亲被指控为女巫），并且撰写了行星运动定律——描述行星如何围绕太阳运动的数学方程。

让光线转弯

开普勒和伽利略当时使用的是“折射”望远镜。

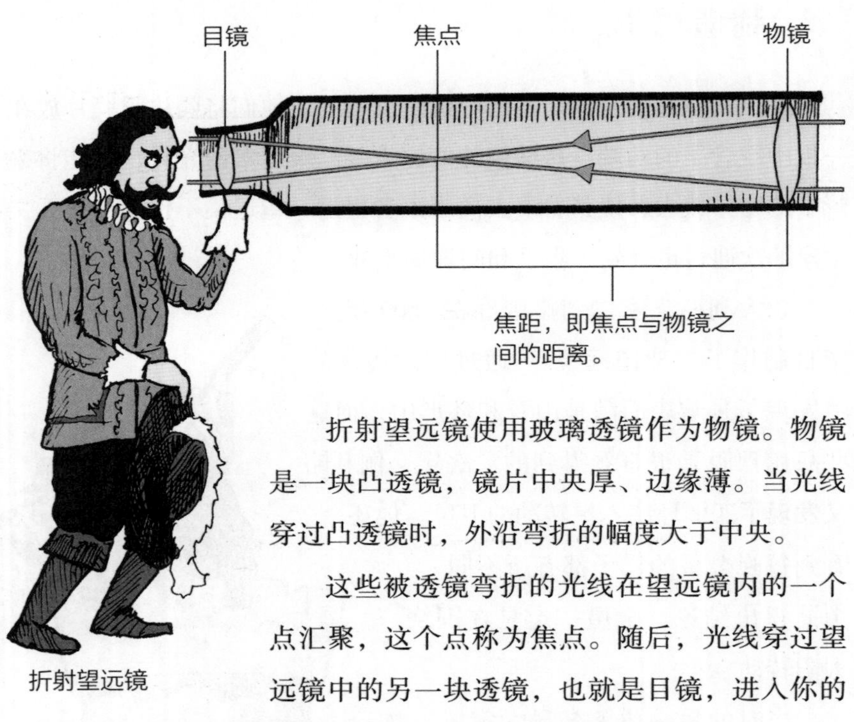

折射望远镜

折射望远镜使用玻璃透镜作为物镜。物镜是一块凸透镜，镜片中央厚、边缘薄。当光线穿过凸透镜时，外沿弯折的幅度大于中央。

这些被透镜弯折的光线在望远镜内的一个点汇聚，这个点称为焦点。随后，光线穿过望远镜中的另一块透镜，也就是目镜，进入你的眼睛。此时，聚焦的图像就得以放大，其原理与放大镜一样。

镜子，镜子

第一架望远镜发明的60年后，英国物理学家牛顿造出了一架全新样式的望远镜。这种望远镜不使用玻璃透镜，而是用一面镜子捕捉光线，并且将其反射至另一面镜子后进入观察者的眼睛。牛顿的第一架反射望远镜焦距仅为15厘米，但放大倍数却达到了几乎40倍。如果折射望远镜想要达到同样的放大倍数，其焦距需要达到90至180厘米。

反射望远镜

反射望远镜中的主镜是凹面镜。它像碗一样凹陷，将所有它汇聚到的光线反射到副镜上，而副镜则将光线转向，通过目镜，抵达观测者的眼睛。

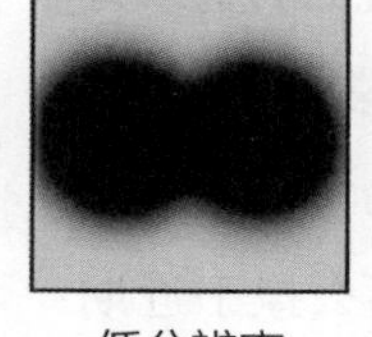
低分辨率

高分辨率

望远镜越好，其“分辨率”也就越高。分辨率是指望远镜看到细节的能力。例如，当使用一架低分辨率的望远镜时，两个不同的光点，比如两颗很靠近的恒星，可能会模糊成为单个光点。反之，如果望远镜质量足够好、分辨率足够高，那么就可以分辨出更多细节，这两个点就清晰地彼此分开。

越 来 越 大

望远镜的透镜或反射镜越大，汇聚的光线就越多，就能看到夜空中更加暗淡的天体。为了建造出更强大的折射望远镜，人们造出更大、更重的透镜，并将它们摆放得相距更远。1673 年，一位狂热的天文爱好者赫维留制作了一架巨型望远镜，长度达到了 45 米。这台望远镜引起了很大轰动，连波兰国王和王后都前来参观。不过这台望远镜却几乎无法使用——最轻的微风也会使望远镜摇晃不定。

巨大的反射望远镜

折射望远镜的透镜尺寸越大，就会越重，但只能在薄弱的边缘处进行固定。世界上最大的折射望远镜建造于 1897 年，至今仍在美国叶凯士天文台服役。这台望远镜的透镜直径为 1 米，重为 0.25 吨。相比之下，反射望远镜的反光镜因为无须透光，所以可以在大而重的镜面的整个背部加装承托用的支架。也就是说，反射望远镜可以做得非常、非常大。

南非大望远镜的反光镜是六角形的，由许多面独立的镜子组装而成，最宽的地方达到了 11 米。如果这还不算大的话，那么拟于近期启用的欧洲特大望远镜就是一个真正的庞然大物了，它的镜面组合直径达到了 42 米！

精益求精

目前世界上最大型的反射望远镜花费了几百万（甚至更多）美元

用于设计、建造和运行。这些望远镜对细节和准确度的要求极高。例如，智利的双子望远镜中使用的凹面镜直径达到了 8.1 米，但抛光精度达到了 160 亿分之一米。即使将它放大到地球那么大，其表面由于瑕疵而凸起的最高点高度也小于 30 厘米。

通力合作

同样是在智利，四台独立望远镜组成了甚大望远镜，这四台望远镜可以独立运作，也可以合起来成为一台更加巨大的望远镜。当其合并运作时，就称为干涉仪。甚大望远镜的巨型凹面镜，每一面重达 45 吨，制作工艺也很特殊：先是将液体材料灌入模具，然后等其缓慢冷却 3 个多月。甚大望远镜造价高达 3.3 亿欧元，它拥有超常的放大倍数。如果月球上停着一辆汽车，那么通过甚大望远镜可以清晰地辨认出两个车前灯之间的间距，它还可以发现在 1 万千米外的一只小小的萤火虫。

为什么是智利

在大费周章完成了望远镜的建造后，你一定会希望将这台又大又贵的望远镜安装在远离城市灯光的地方。同样，你一定也不希望厚厚的云层遮住天上的星星。于是，智利、西班牙附近的加那利群岛、美国的干旱地区（如得克萨斯州和亚利桑那州），就成为了安装望远镜的热门的“晴空”地点。智利北部的阿塔卡马沙漠部分地区极为干燥，科学家们估计已有超过 2000 万年滴雨未下。可以说是干透了。因此，这里拥有世界上最清晰无云的夜空——极为适合天文观测。

空间望远镜

在地球上寻找夜空晴朗无云的地点来放置巨型望远镜，这固然是一个办法，不过也可以更进一步，将望远镜安放在太空之中。许多空间望远镜不仅能够更好地观察恒星，还可以观测不同类型的波，例如X射线（见“巡视波的海洋”中“热斑”一节）。X射线会被大气层吸收，因此不会抵达地面。

空间望远镜使用特殊的相机拍摄照片，随后将图片和其他观测结果通过无线电信号传回地球。将望远镜送入太空是一项耗资不菲的工程，因此必须事前精心规划，并且在实施过程中保证万无一失——想要修理可没那么容易！

太空中的眼镜

最早的望远镜是由眼镜匠制造的。巧合的是，400年后，最为著名的空间望远镜——哈勃望远镜，竟然也需要戴上“眼镜”矫正视力。

在哈勃望远镜1990年进入太空后不久，科学家发现其传回地球的图像存在轻微的模糊，这是因为其直径2.4米的凹面镜镜面形状存在缺陷。1993年，一架航天飞机用COSTAR对其进行了校正——即空间望远镜光轴补偿校正光学，由一组凹面镜和一个照相机组成，其大小与一架小型三角钢琴相当，作用类似于给望远镜戴上“眼镜”。

哈勃档案

尽管开局不利，但哈勃空间望远镜还是成为了当代天文学的重要功臣，为人类展示了前所未见的宇宙面貌。

这台望远镜帮助人们发现了超大质量黑洞（见“黑洞有什么好大惊小怪”一节）的存在，帮助科学家测定了宇宙年龄及它膨胀的方式（见“这一切是如何开始的”一节），并且发现了许多不同的星系和恒星，其中包括褐矮星。仅 2006 年一年，哈勃望远镜就在别的恒星周围发现了 16 颗以前不知道的系外行星（见“寻找外星人”一节）。在其运行的头 20 年，哈勃空间望远镜共计拍摄了 57 万幅太空照片。这个数字着实令人惊叹。

一周，又一周，哈勃空间望远镜每七天都向地球传回约 140G 的数据——如果将这些数据印在书上，大约需要 1.1 千米长的书架才能装下。这些数据对天文学家和科学家们有很高的价值，他们已经用这些数据撰写了超过 1 万篇科学报告和论文。

发射成本：15 亿美元
长度：13.2 米
重量：11.11 吨
动力：2100 瓦——由太阳能提供
环绕地球的轨道高度：574 千米
环绕地球的速度：2.73×10^4 千米 / 时

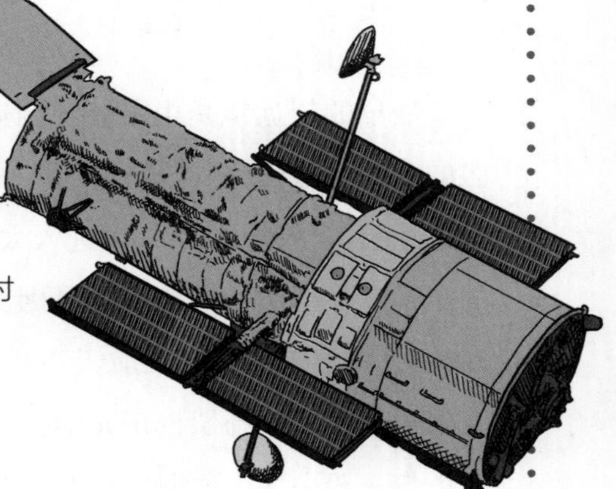

巡视波的海洋

折射望远镜和反射望远镜都属于光学望远镜——它们汇聚人眼可以看到的可见光。然而，可见光只是以波的形式在太空中传播的能量中的一种。无线电波、X 射线以及高能的伽马射线和可见光都属于电磁波谱。通过特殊的仪器，天文学家和科学家们已经找到了捕获和研究这些来自太空的波的方法，并且由此加深了对宇宙的认知。

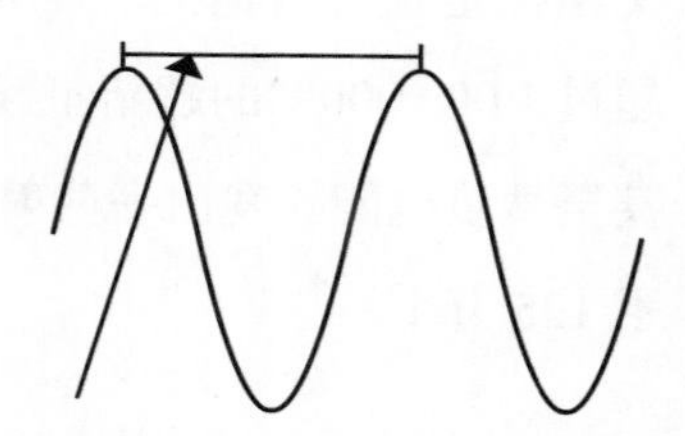

波长：一个波上完全相同的两点之间的距离。

每一种波都有自己的波长：无线电波的波长是最长的，可达数米，而伽马射线的波长仅为数十亿分之一米。

极高能

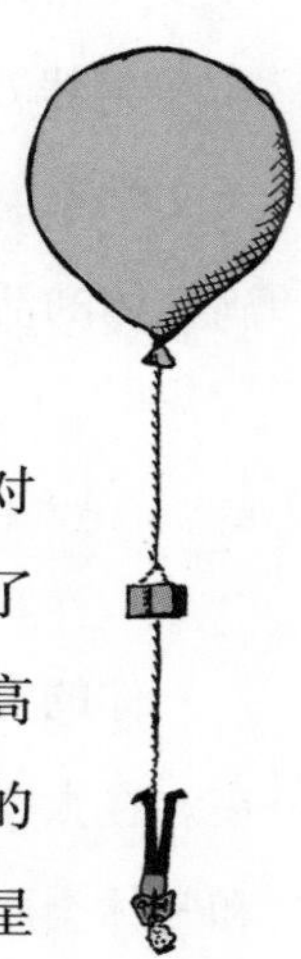

伽马射线暴是宇宙中最剧烈的爆炸，10 秒内释放出的能量要比太阳在长达 100 亿年的整个生命周期中释放的能量还要多。伽马射线对于生物细胞是致命的，不过幸好地球大气层可以吸收几乎所有的有害伽马射线——这对于人类是好事，但对于伽马射线天文学的研究却不是。为了研究伽马射线，科研仪器被送入太空或载在高空气球上，高空气球差不多可以升到地球大气层的顶部。研究来自太空的伽马射线有助于揭示宇宙中某些最为激烈天文事件，例如星系和恒星之间的高速碰撞、超新星爆发、黑洞和活动星系等。

热斑

或许你已经知道了，X 射线是可以穿透人体的，因此医生可以利用 X 射线来检查你是否发生了骨折或其他伤病。不过，X 射线对于天文学也是很有价值的。宇宙中的许多天体可发射 X 射线，例如温度超过 1 000 000℃的超新星残骸。1996 年，伦琴 X 射线天文台卫星发现，甚至彗星也能够发出一些射线。截至目前，已经发现的 X 射线源超过了 125 万个。

紫外线

紫外线简称 UV，是能量低于 X 射线但高于可见光的波。宇宙中许多炙热的恒星在紫外线下都清晰可见。太阳也发出紫外线。不过，和 X 射线及伽马射线一样，大多数紫外线会被地球大气层吸收。因此天文学家们将紫外望远镜送入太空，用来了解那些年轻恒星，以及充满气体的活动星系区域。

红外线

你的电视遥控器使用的就是红外线。不过在外太空红外波无处不在。在太空中许多令人感兴趣的区域，例如星云的中心，很大的尘埃和气体会阻挡住可见光，但红外线不受影响，不管是地球上的还是太空中的红外望远镜都可以观测到这些区域。

红外天文卫星（IRAS）是最成功的空间望远镜之一。这颗卫星于1983年发射，它发现了6颗新彗星，许多原恒星和原本不可见的尘埃星云。该卫星还发现了超过7.5万个星暴星系。惊人数量的新恒星在这些星系中生成，使这些星系发射出大量的红外线。

射电天文学

无线电波是天文学家所能观测、分析的最重要的波。太空中的许多物体都可以发射无线电波——从太阳黑子到高速旋转的中子星。这些无线电波可以穿透地球的大气层，这意味着可以在地球表面建造大型射电望远镜来收集无线电波，供天文学家分析。

那是什么噪声

射电天文学起源于一次巧合。当时，电话工程师央斯基建造了一个安装在转盘上的大而奇怪的无线接收器，这样它就可以面向任何方向。央斯基的“旋转木马”是为调查无线电广播中听到的背景噪声而设计的。1932 年，他发现背景噪声实际上是来自太空的无线电波。

当时，这一发现并未受到重视。不过，六年后，野心勃勃的天文爱好者雷伯在自家后院建造了一台大型无线电波接收器。这台接收器的天线直径达到了 31.4 米，由金属制成。雷伯发现并测绘了许多来自太空的无线电波源，包括来自银河系中心的强无线电信号。自那以后，射电天文学的重要性不断提高。借助射电天文学，天文学家得以探索那些“看不见的宇宙”——从被气体所包围的恒星育婴室到爆炸恒星的残骸。无线电波也使天文学家得以追踪氢气云的位置以及它们在宇宙中不同区域的运动状况。

小绿人

1967 年，射电天文学家休伊什的助手，贝尔－伯内尔女士发现一个无线电信号每隔 1.337 秒重复一次。她将这一信号标记为 LGM-1，其中的 LGM 是小绿人的英文缩写。不过，这个信号并非来自外星人，而是来自首颗被发现的脉冲星——一颗快速旋转的中子星（见“末日的开端”中“中子星”一节）。

做一口大锅

大大的射电碟形天线收集无线电波，将其反射到一个中心点，然后在那里天线将其转变为电信号。无线电接收器强化了这些信号，随后再由电脑记录和分析。世界上最大的单个射电碟形天线位于波多黎各的阿雷西博，直径达到了 305 米。2016 年，中国建造出了一台更大的射电碟形天线，这台天线名为“500 米口径*球形望远镜”，简称 FAST。它的无线电波收集面积比 30 个足球场还要大。

除了把碟形天线建造得越来越大之外，另一种方法是建造一组碟形天线，把它们放在一起工作。这称之为阵。例如，位于美国的甚大阵（VLA），由 27 个射电天线排列成 Y 字形组成，其中每个碟形天线直径达 25 米，重 209 吨。

---

* 口径是望远镜直径的另一种说法。——原注

寻找外星人

除了小绿人事件（见“射电天文学”中“小绿人”一节）外，无线电波还真被用于搜寻外星人——用科学术语说就是：地外生命。

1974 年，波多黎各的阿雷西博射电望远镜朝着 M13 星团发射了一组无线电信号。M13 星团位于银河系边缘，距离地球约 2.1 万光年。如果真的有地外生命能够将这些信号复原并拼合在一起，就会发现信号中包括了射电碟形天线和太阳系的简单图画、人类的简笔画和作为地球生命基石的某些关键化学物质的结构。

一些长途空间探测器携带了含有地球和人类信息的金属牌或碟片。旅行者 1 号和旅行者 2 号探测器还携带了大小与老式黑胶唱片（问问你父母就知道了）相当的纯金碟片。这些碟片可以播放出自然的声响和世界领导人的致辞。不过，得提醒你的是，外星人碰巧拥有碟片播放机来播放碟片的概率是很小的！此外，人类也曾对着遥远的恒星甚至一颗很大的系外行星——绕着另一个太阳系中的恒星运转的

行星——发射过无线电信号。自1995年人类发现首颗系外行星以来，已有大量的系外行星被发现。2017年，NASA宣布发现了7颗与地球大小相当的行星，这个行星系统被称为TRAPPIST-1，这些行星全都可能拥有适合生命生存的条件。

搜寻还在继续

搜寻地外智慧生物计划（简称SETI），目前正在寻找外星人。其任务包括分析射电望远镜收集到的信号，寻找外星人存在甚至是与地球联络的证据。不管怎样，有一些类似的团队也在参与搜寻——你也可以加入。

1999年，SETI@home这个绝妙的主意开始实施。人们只要一台能够连接互联网的电脑，即可参与搜寻外星人的计划。由阿雷西博射电望远镜收集到的巨量数据，需要利用计算机进行分析、筛选。SETI@home项目将数据分割成一些小的数据包，发送给每台个人电脑，这些电脑在闲置时分析这些数据。因此，你平时可以正常使用你的电脑，而在你惬意地喝茶时，让它执行搜寻外星人的计划！

外星人存在吗

长久以来，一说到外星人，人们都会激动不已。不过科学家尚不知道宇宙中的其他地方是否可能有外星人存在。许多人认为，对于外星人的搜寻还刚刚起步——地球不太可能是整个宇宙中唯一有生命存在的星球。科学家们已经找了很久，试图找到哪怕一丁点外星人存在的痕迹。不过即使宇宙中的其他地方确实存在着生命，也可能离地球太远，无法建立任何形式的联系。寻找外星人，就好比在宇宙那么大的大海里海底捞针一样难！

科学家们认为最有可能发现地外生命的区域是所谓的“宜居带”。想象一下童话故事里挑剔的小女孩，不停地挑剔燕麦粥、挑剔椅子、挑剔床，直到她找到了“刚刚好”。寻找宜居带的原则也一样——距离恒星的位置要不远不近，恰好有适合生存的温度；行星质量要足够大，才能允许液态水和大气存在，才能使生命生存繁衍。目前，科学家们认为是最有可能发现外星生命的地方是一些处在宜居带中大小与地球相仿的行星，例如组成 TRAPPIST-7 系统的 7 颗行星。

飞碟

不明飞行物（UFO）的出现已经有数千年历史。科学家们认为这些现象可以合理地加以解释。他们认为其中许多不明飞行物其实是天气现象，例如特殊的云或球形闪电——另一些飞行物则有可能是流星、气象气球或军队的秘密测试飞行物。最后，还有一些外星人和 UFO 照片其实只是恶作剧而已。

很高兴遇见你

外星生物学家是专门研究地球以外的生命会是什么样子的人。他们中的一些人认为外星人会与我们所认知的生命有很大差异。毕竟，地球上的生命经过了成百上千万年的进化，形成了许多独特而巧妙的特征。你所处的地球，有着丰富的生物多样性，小到微生物，大到5.5米高的长颈鹿，甚至重达180吨的蓝鲸。系外行星上的进化也许会造成完全不同的结果——尤其是如果那里的引力更强或更弱，又或者大气层成分与地球有所不同的话。

目标：太空

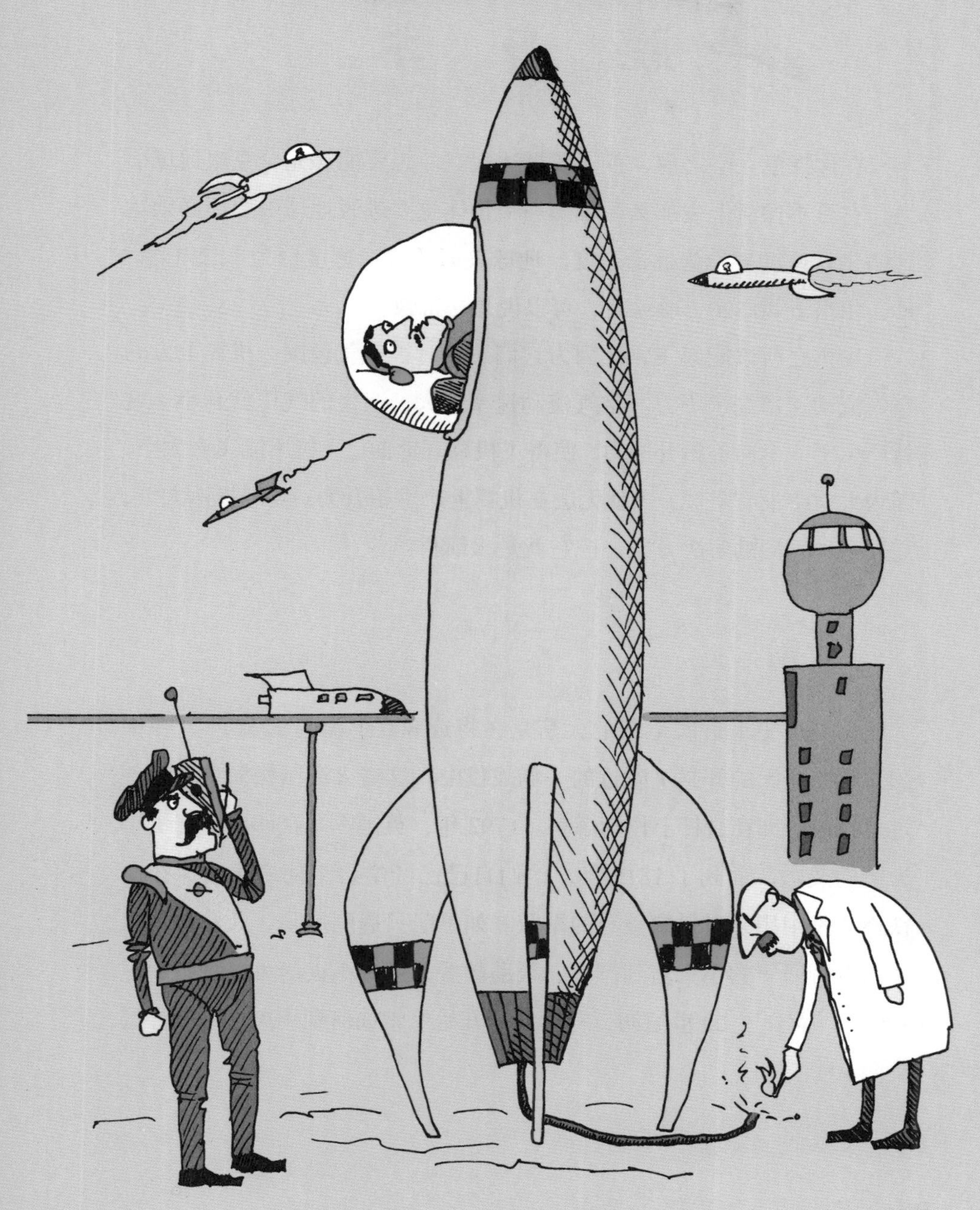

脱身术

在你探索太空之前，首先要抵达太空。想要能够完全克服地球引力，它可不像听上去那么简单。一个物体想要逃脱地球引力而必须达到的飞行速度被称为逃逸速度。地球表面的逃逸速度约为 11.2 千米 / 秒，相当于 40 320 千米 / 时，可以说是非常快。

飞机之所以能起飞，是因为它们飞行时被空气包围，机翼上方的空气流动速率高于下方。空气流动速率越大，产生的气压就越小。这就产生了一个向上抬升的力，使得飞机离开地面。飞机不能飞入太空，因为太空中没有空气，也就无法在机翼上产生抬升力。要想抵达太空，需要一种不同的解决方案……它就是火箭科学。

火箭

人类历史上首次记载的火箭是在将近 800 年前的 1232 年，在中国汴梁（今天的开封）附近的一场战役中。这些火箭结构简单，只不过是将火药绑在箭杆上作为燃料。1792 年，英国军队在印度遭遇了小火箭的袭击，而到了 1815 年，他们自己已经学会了使用火箭，在滑铁卢战役中用来对付拿破仑的军队。如果船只遇到危险，人们也可以射出系有绳子的小火箭到岸上，帮助救援，这些小火箭可以飞行超过 300 米。而到了 20 世纪初，科学家们开始思索如何利用火箭探索外层空间。

2.5 秒

早期的火箭使用的是固体燃料。不过，1926 年，美国科学家戈达德发射了世界上第一枚液体燃料火箭。这枚火箭总共飞行了 2.5 秒时间，升空高度为 12 米，然后掉毁在一片菜地里。

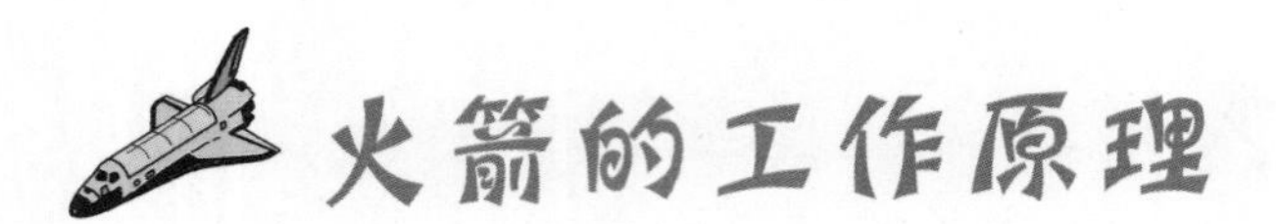

第一位阐述火箭工作原理的人，就是发明了反射望远镜的人——伟大的牛顿。他提出了三大运动定律，其中的第三定律是这么说的：

两个物体之间的作用力和反作用力总是大小相等、方向相反。

这条定律该怎么准确地理解呢？它的意思是说：当你用力推一个物体时，这个物体也在用一个大小相等、方向相反的力推你。例如：

1. 火箭发动机的向下推力对火箭箭体形成反作用力，将其往上推。

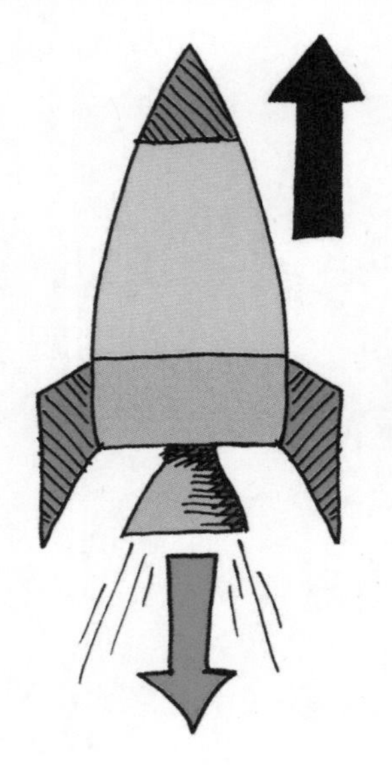

2. 如果火箭的推力足够大，就能克服地球引力，使运载火箭离开地面、飞向空中。

火箭发动机的内部

许多火箭发动机使用的是液体燃料，它与氧化剂燃烧后产生推力。

这些燃料可以是煤油、汽油或液态氢，盛放在火箭内部的一个或多个巨型燃料箱内。氧化剂，通常是液态氧，存放在另外一个或多个独立的箱内。高速泵控制燃料和氧化剂流入燃烧室的速度，在那里燃料和氧化剂发生混合和燃烧。

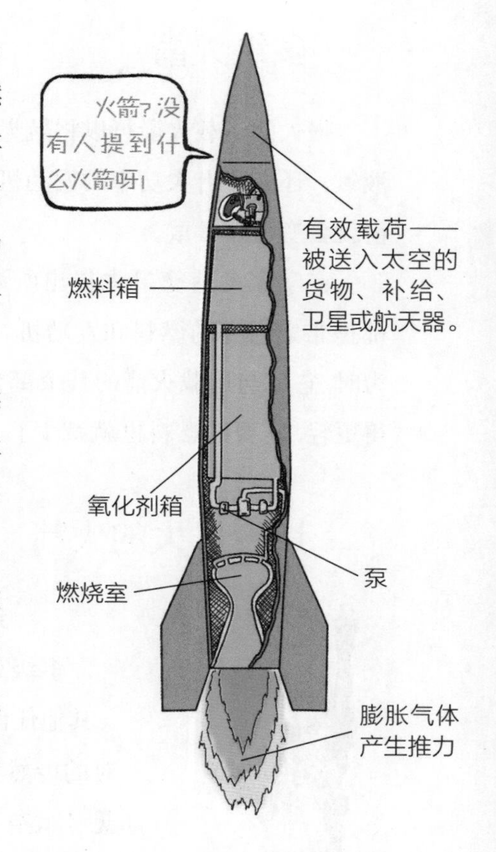

在燃烧室内，燃料和氧气快速燃烧，产生迅速膨胀的气体。这些气体从位于运载火箭底部的漏斗状喷嘴中高速喷出，速度常常超过3800米/秒。

这些气体产生了巨大的向下推力，从而将运载火箭向上推。随着运载火箭离地球越来越远，燃料和氧化剂以极快的速度减少。火箭也越来越轻，因此速度也越来越快。

需要推一下

许多运载火箭在飞行之初使用固体燃料助推火箭，以提供额外的动力。这些助推火箭中装满了燃料和氧化剂颗粒。这些固体燃料火箭的建造成本相对较低，相比液体燃料火箭建造较为简单，但推力无法控制。一旦点燃，这些助推火箭将无法熄火。固体燃料火箭的燃料通常在发射后的几分钟内就会耗尽，然后脱离火箭主体并被舍弃。

多级火箭

强大的运载火箭可以将航天器送入太空，这就需要大量的燃料和液氧，还必须有大功率的发动机才能产生足够的推力。这样一来，火箭就会变得非常重。

科学家戈达德最先提出所谓“多级火箭”设想。这种火箭每一级都携带着自身的燃料和发动机。当第一级火箭用尽燃料，不再产生推力时，它就与运载火箭的其余部分分离，掉落下来。火箭的剩余部分变得更轻，需要的燃料也就减少了。剩余部分又产生推力使其继续飞行。

迄今最大的火箭

到目前为止最大的火箭是“土星五号”多级火箭，其体积、质量和功率都超过了其他任何火箭。1960年代和70年代，这些绝对的庞然大物被用来执行“阿波罗”探月计划（见“太空竞赛”中“登月”一节）的发射任务。

“土星五号”发射时的满载质量为2846.591吨，是美国自由女神像质量的13倍，而高度也比自由女神像（93米）还要高17.6米。

“土星五号”是一枚三级火箭。火箭的第一级动力由5个重型F1火箭发动机组成，它们合在一起产生的推力大约是32架波音747巨型喷气式飞机推力的总和。

“土星五号”的第一级火箭燃烧时间为 2 分 47 秒，将这组高达 111 米的火箭发射升空后，耗尽自身燃料，脱离落回地面。然后，火箭的第二级使用 5 个 J2 火箭发动机，能够燃烧约 6 分钟，它们将火箭推向海拔——离开地球表面高度——185 千米。最后，采用单个 J2 火箭发动机的第三级，将飞行器推向月球。

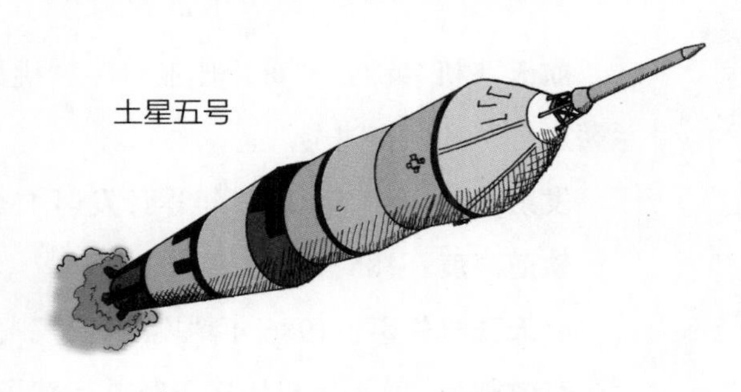

土星五号

油老虎

“土星五号”火箭的第一级有 5 个 F1 发动机，每秒钟每个发动机就消耗 788 千克煤油燃料和 1789 千克氧气。

可重复使用的航天器

运载火箭的一些部分，比如固体燃料火箭助推器，在设计时考虑了回收利用。它们掉落到海里，随后被打捞起来、翻新并重新装上燃料，以备再次使用。不过，火箭中的大多数部件只能使用一次。目前，已经研发出来的可重复使用航天器一共只有两种——苏联的“暴风雪号”航天飞机（只飞行了一次）和美国航空航天局的航天飞机。它们的外表都酷似飞机，拥有粗短的机翼。它们像火箭一样垂直发射，但在返回地面时和飞机一样，在跑道上滑行一段后停下。

航天飞机档案

航天飞机名称：“哥伦比亚号”“挑战者号”“发现号”“亚特兰蒂斯号”和“奋进号”。

发射：从1981至2011年累计发射135次。

轨道高度：185至643千米。

航天飞机失事：1986年“挑战者号”、2003年“哥伦比亚号”。

有效载荷：航天飞机历次飞行共运载了1400多吨卫星、科学仪器、空间站物资和零部件。

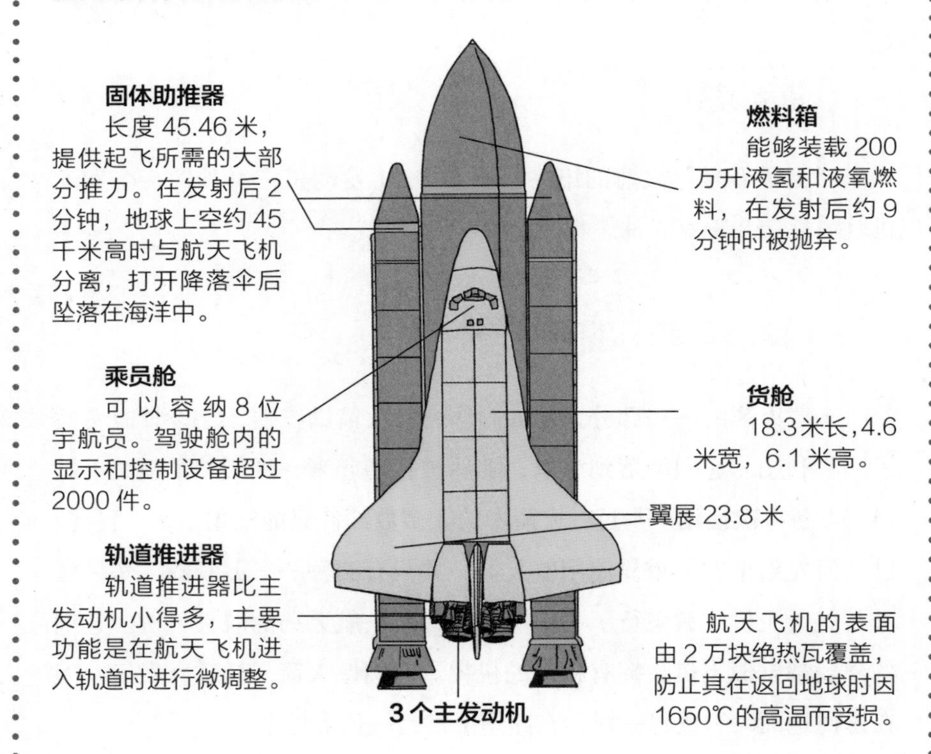

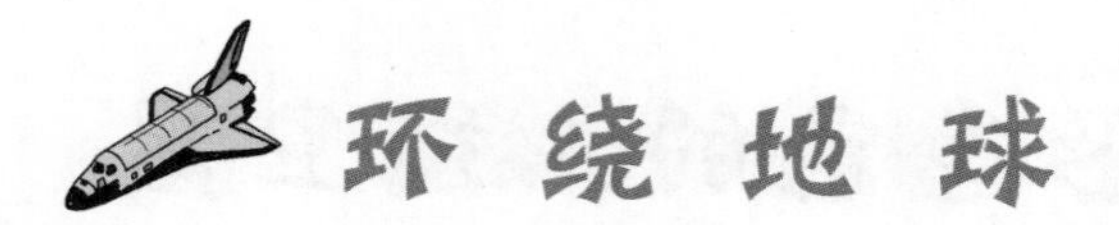

环绕地球

人造卫星是人造的、用火箭运送至环绕地球轨道的设备。第一枚人造卫星是由苏联制造并于1957年发射的“斯普特尼克1号”卫星，当时引起了很大的轰动。

哔……哔……

“斯普特尼克1号”卫星由金属制成，外表呈球状，大小与沙滩排球相当。这颗卫星中装有电池、温度计和两个无线电发射器，能够将哔哔的电波声传回地球，全世界的无线电接收器都能听到这一声音。

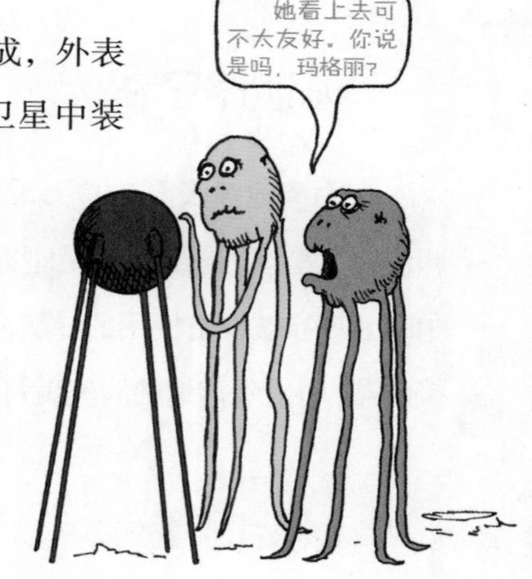

“斯普特尼克1号”每96.2分钟环绕地球一周，持续将近22天把信号传回地球，直到电池耗尽。

你知道吗

自从“斯普特尼克1号”升空以来，人类一共已经发射了超过4000颗人造卫星。这些卫星的功用各不相同，从转发全世界的电视、电话和互联网数据，到监测天气情况，等等。

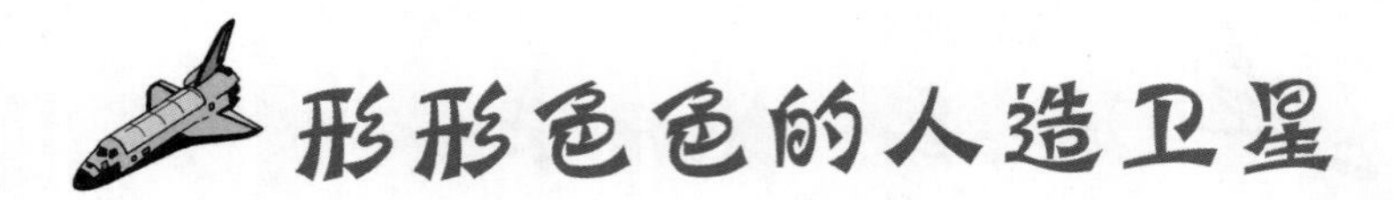

形形色色的人造卫星

人造卫星在不同高度的轨道运行，而且能够执行许多不同的任务。低地球轨道（LEO）的卫星距离地球表面的高度从 160 千米到 2000 千米。为了避免被地球引力拉回地面，它们必须以高速绕地球飞行。

中地球轨道（MEO）的卫星距离地球表面的高度在 2000 千米以上，中地球轨道的卫星造价和发射成本通常高于低地球轨道的卫星。

你迷路了吗

在距离地球表面 2.02 万千米的高空中有一组 24 颗同步运行的卫星，叫作卫星星座。这组卫星星座提供了全球定位系统（GPS）——汽车和手机中的卫星导航设备使用的导航系统。信号从若干卫星传送到地球上的 GPS 接收器，用信号传递的时间就可以计算出你所在的位置和你前进的方向。

保持同步

在地球赤道上空 35 785 千米高的轨道上，卫星围绕地球旋转一周所需的时间与地球自转一周的时间恰好相等。因此这一高度上的卫星相对于地面上的某一点来说是静止不动的。这个轨道称为地球静止轨道。这个轨道对于地球的通信卫星和电视卫星尤其重要，因为从地球上某一点发射出的信号可以由这些卫星进行中转后几乎毫无延迟地发射到地球上的另一点。

空中间谍

军用秘密卫星据说可以从太空中发现地球上西柚大小的物体。这些卫星可以用于秘密监视地球上的目标，并为军队提供机密通信。一些间谍卫星还能监视导弹发射，或对绝密级设施拍摄高分辨率照片。

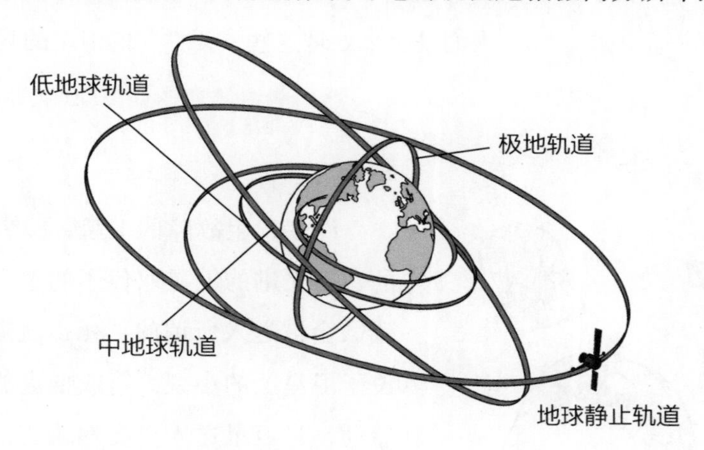

风雨无阻

众多的卫星以各种不同的方式监控地球的表面。气象卫星监控着地球上的云、风，以及环绕地球并触发各种天气状况的冷暖空气。这些卫星在追踪风暴，预警飓风时功不可没。

还有一些卫星沿着极地轨道运行，每转一圈，即可扫描地球的表面的一个条带状区域。随着一条条地扫描，这些卫星就能够覆盖整个地球表面。我们所使用的全球在线地图，就运用了其中几个卫星对地球拍摄的大量数码相片。而其中另外一些卫星则监测森林、田野和植被的水分，或运用红外摄像机拍摄地球的热图。

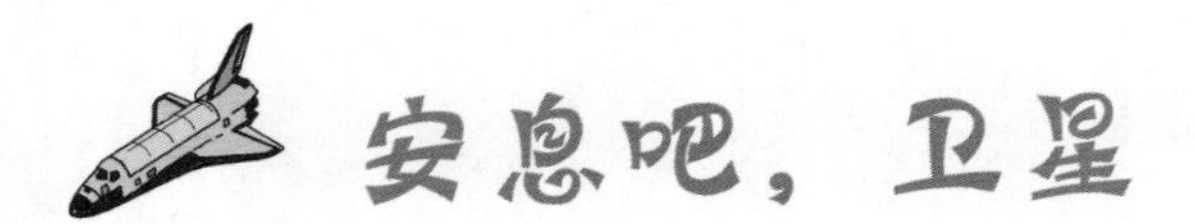

安息吧，卫星

当一颗卫星出现了系统故障，或是不能再为部件供电，它的生命就到达了终点。这时，地球上的任务控制员就不得不作出艰难的决定，令卫星停止工作。那么人们是怎么处理这些“死亡”的卫星的呢？

卫星的坟墓

许多发生故障的卫星，或者被新的、更先进的卫星取代了的卫星，其残骸会被送入所谓的“死亡轨道”。位于卫星上的小型火箭或推进器将会启动，将卫星送入更高的轨道，远离其他卫星，避免发生碰撞。“前锋 1 号”卫星是一颗现在仍在绕着地球巡航的卫星。这颗卫星于 1958 年发射升空，是太空中最老的人造卫星——它已环绕地球多达 19.7 万周（关于太空垃圾，详见“这是谁的手套”一节）。

还有一些卫星在指令操控下下降，“退出轨道”，在重新进入大气层的过程中烧毁。也有一些极罕见的例子，卫星被导弹击落。例如，2008 年，美国的间谍卫星 USA-193 发生故障，并且朝着地球掉落，在降落至距离地球表面 247 千米时被美军导弹击毁。

遥而可及

空间探测器是一种无人科考设备。与卫星不同的是，空间探测器能够摆脱地球引力，飞向遥远的太空，探索太阳系的某一特定区域。

空间探测器里有什么

空间探测器的形状、大小和复杂程度各不相同，不过几乎都有着一些共同特征：

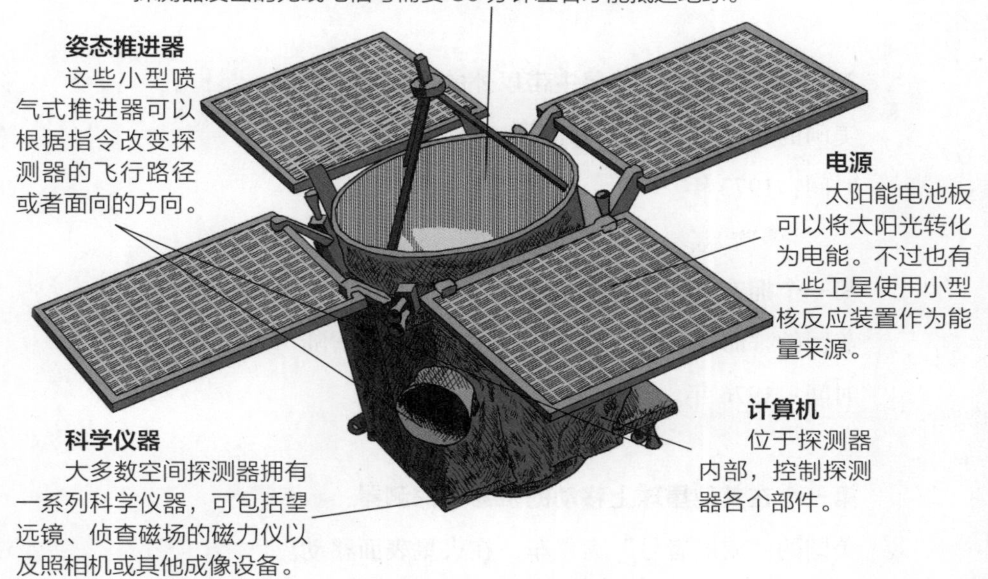

空间探测器的“第一”

第一个降落在地球以外天体上的探测器：

苏联的“月球 2 号”探测器，坠落在月球。

时间：1959 年

第一个对其他行星进行拍摄的探测器：

美国的“水手 4 号”探测器，对火星进行拍摄。

时间：1965 年。

第一个成功着陆在其他行星并传回数据的探测器：

苏联的“金星 7 号”探测器，成功降落在金星并传回数据。

时间：1970 年。

第一个成功抵达小行星主带以外的行星的探测器：

美国的“先锋 10 号”探测器，成功飞掠木星。

时间：1973 年。

第一个拥有机械臂并成功着陆在其他行星的探测器：

美国的“海盗 1 号”探测器，在火星上软着陆。

时间：1976 年。

第一个在其他星球上移动的机器人探测器：

美国的“旅居者号”火星车，在火星表面移动。

时间：1997 年。

第一个飞行到达冥王星的探测器：

美国的“新视野号”探测器。

时间：2015 年。

额外好处

尽管空间探测器的构造比卫星更复杂，造价也更高，但比载人航天器却更小、更轻，造价也更便宜。这是因为空间探测器不需要宇航员舱，也就不需要准备食物、氧气、水和其他物资，而且空间探测器大多无须返回地球。

空间探测器或由火箭发射升空，或跟随航天飞机发射至太空后与其货舱分离。这些探测器彻底颠覆了科学家们对太阳系和宇宙许多特征的认知。

不同类型的探测器

空间探测器可以分为五种主要类型，其分类的依据主要是其探测的目标——是可以着陆的行星或卫星，还是必须飞掠的气态巨行星。

飞掠探测器在经过其主要探测目标时拍摄照片并进行测量。这些航天器只能靠近其目标行星或卫星很短一段时间。因此，这类探测器所能收集的信息较为有限，但这些有限的信息仍十分有用。

1974 年和 1975 年，“水手 10 号”探测器 3 次飞掠水星，它距离

水星最近时仅203千米，拍照并绘制了水星表面约45%的地图。还有一些探测器曾经飞掠太空中多个不同的天体。例如，“旅行者2号”探测器（见“何去何从”中“长途的旅行者”一节）曾经成功地飞掠了木星、土星、天王星和海王星，目前已经飞离了太阳系。

轨道探测器是被送往行星、卫星或其他天体，然后进入环绕该天体飞行的轨道的探测器。这些探测器能对目标进行长时间、近距离的观测，因此能够传回大量数据。

火星勘测轨道探测器2006年抵达火星，目前仍在环绕火星运行。迄今为止，这个探测器已经传回总计264太（即万亿）字节的数据，其中包括10万余幅高分辨火星表面照片，比其他所有行星际任务所传回的信息加起来还要多。

首个环绕气态巨行星运行的轨道探测器是NASA的“伽利略号”探测器。在经过了长达6年的旅程后，这个探测器最终于1995年进入工作状态。此后的8年中，它共环绕木星转了34圈，发现了许多关于木星、木星天气和木星卫星的真相。这些发现包括：木卫二上可能存在液态海洋，而木卫一上则有剧烈活动的火山。

1960年代，苏联和美国都朝月球发射了**着陆器**。美国共有5个“探测者号”探测器在月球表面实现了软着陆。

许多着陆器在着陆时点燃小型火箭作为着陆时的缓冲。携带着“旅居者号”漫游车的火星探测器“探路者号”在着陆时使用了一个降落伞减缓着陆速度。随后，在距离火星表面约350米高时弹出了一组充满气的巨型气囊。这组气囊像巨大的葡萄串一样包围了整个着陆器，在着陆时保护着它。当探测器和气囊在火星表面停止弹跳时，这些气囊迅速放气，使得探测器可以开始工作。

着陆器的目标可不只局限于太阳系中的行星和卫星。2000年，近地小行星探测器，或称“NEAR-舒梅克号”探测器，开始了它环绕小行星爱神星轨道的任务，使科学家们得以仔细地研究这颗小行星。在其主要探测任务的最后，“NEAR-舒梅克号”向着爱神星降落，成为了首个成功在小行星上着陆的探测器。

漫游机器人可以在行星或卫星表面用轮子或履带移动，探索更远的地方。

最早的漫游机器人是苏联的“月球车”，于1970年和1973年着陆月球，它们受地球控制室的遥控指挥。“旅居者号”是首个火星上

的漫游机器人，拥有六个轮子，能够在火星表面缓慢滚动，并对岩石和尘埃样本进行研究。

“月球车 1 号”长 1.7 米，重 840 千克，拥有 8 个轮子。相比之下，火星上的“旅居者号”质量仅 11.5 千克。

搭载式探测器是一个二合一的探测器，主探测器是一个飞掠探测器或轨道探测器，它会在靠近目标时，释放出一个较小的着陆探测器。

例如，2004 年，“罗塞塔号”探测器发射升空，开始了它长达十年的旅程，去往彗星 67P（丘留莫夫-格拉西缅科彗星）。2014 年，飞近这一彗星的探测器向这颗彗星的彗核释放了一颗更小的着陆器“菲莱号”。

助我一程

许多探测器并非笔直地飞往目标，而是以曲线、弧形的路径接近行星或太阳。这样，它们可以在所谓引力助推的帮助下在速度上得到提高。

首个使用引力助推的航天器是美国航空航天局的“先锋 10 号”探测器。这个探测器靠近木星时的速度为 9.8 千米 / 秒，而使用引力助推离开木星时，速度已经达到了 22.4 千米 / 秒。

“卡西尼—惠更斯号”探测器于 1997 年发射升空。这个探测器高度超过 6.3 米，质量达到了 5600 千克，是目前为止向其他行星发射的最大、也是最重的一个探测器。由于这个探测器质量太大，无法用火箭直接把它送到目的地。因此，这个探测器的旅程颇为复杂，包含了四次引力助推过程：1998 年和 1999 年分别借助金星引力助推、1999 年再借助地球引力助推，2000 年借助木星引力助推，最后才于 2004 年抵达目的地土星。

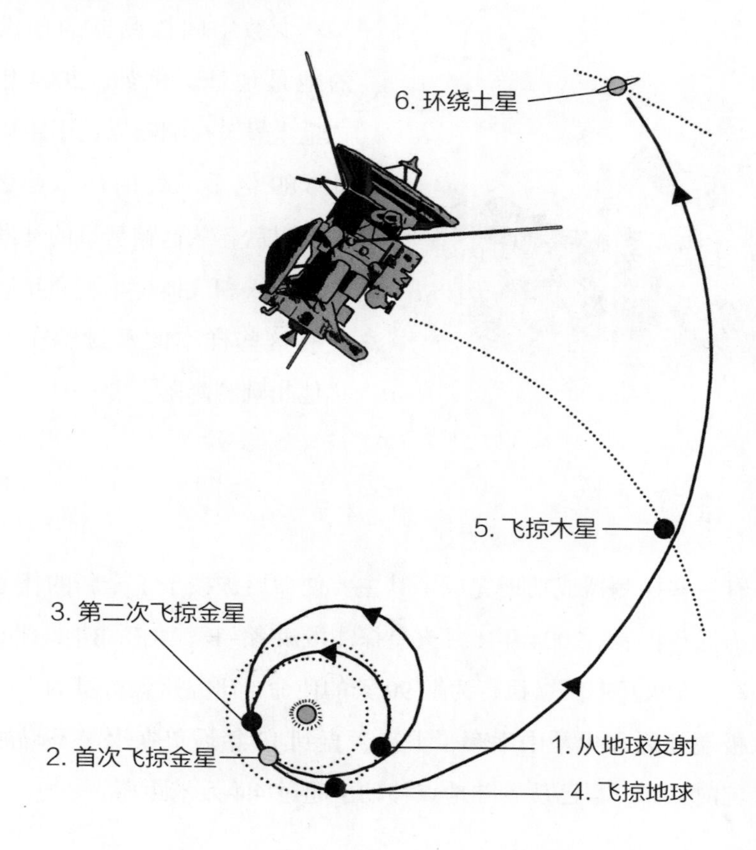

何去何从

大多数空间探测器从地球发射后，就踏上了一条不归路。完成使命后，它们要么继续漫游太空，要么就此停歇——永远地留在它们着陆的行星或卫星表面。还有一些探测器，例如环绕木星转动的“伽利略号”探测器，则在完成探测任务后根据指令撞毁在行星或卫星上，直到它们毁灭的一刻仍在向地球传回数据。

少数空间探测器的预设目的地是地球。例如，2004 年，“星尘号”探测器靠近了距离地球 3.89 亿千米处的怀尔德 2 号彗星以后，从这颗彗星的彗发收集了尘埃和气体样本。两年后，装有这些样本的密封舱在美国犹他州顺利降落。

任务扩展

有一些探测器成功地完成了其主要使命后被授予了全新的任务，这称为任务扩展。2004 年 1 月火星探测漫游者 –B（MER–B），即“机遇号”，在火星着陆，执行为期 90 天的使命，研究这颗行星的表面。它在极端气温和尘暴中幸存了下来，直到 13 年后仍在火星圣玛丽亚陨星坑内工作，且已从着陆地点移动了超过 4.4 万米距离。

长途的旅行者

“旅行者 1 号”和“旅行者 2 号”探测器是目前为止航行距离最长的空间探测器。“旅行者 1 号”于 1977 年发射，目前已经接近太阳系尽头的星际空间——与太阳之间的距离将近 200 亿千米。“旅行者 2 号”也紧随其后，它已经发现了 11 颗新的天王星的卫星。更重要的是，根据预期，这两个探测器仍有足够的能量，在 2025 年前仍会持续不断传回无线电信号。

动物宇航员

第一批进入临近空间的生物是果蝇。1947 年，搭载了果蝇的 V2 型火箭成功发射升空。这枚火箭的飞行高度达到了 103 千米。自那以后，多个国家已经将动物送入了太空。这些动物实验大多被用于测试人类宇航员的生命维持系统。

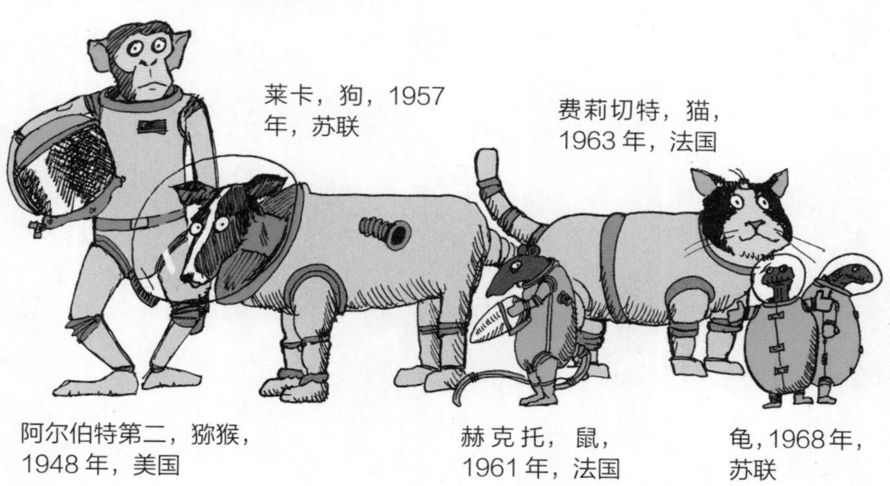

欢迎回来

1961 年，一只名叫汉姆的黑猩猩被送入太空。这只黑猩猩经过特殊的训练，当它所在的太空舱内灯光不停闪烁时，它会拉下操纵杆。汉姆所在的密封舱安全地在大西洋着陆后，它获得了一个苹果和半个橙子作为奖励。

太空竞赛

在第二次世界大战后，美国和苏联成为了世界上最强大的两个国家。这两个国家相互竞争，由此建立了太空领域中许多不同的里程碑。

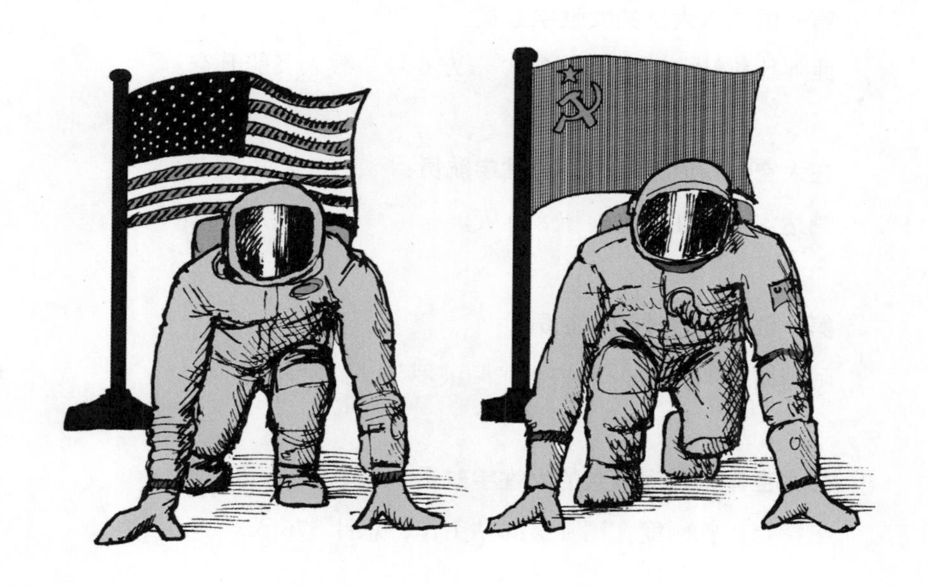

当时，最主要的竞争项目之一就是把人送入太空。1961 年，宇航员加加林完成了这一壮举。当时，苏联共训练了 19 位宇航员作为首次太空任务的人选，加加林被最终选中。当时他所乘坐的宇宙飞船“东方 1 号”空间狭小，宽度仅为 2.5 米，加加林只能被绑在拥挤的舱内，飞船发射升空后，历史性地绕地球飞行了一圈。从起飞到依靠降落伞降落，加加林的整个太空飞行仅持续了 108 分钟，但这一跨时代的飞行使他成为了国家英雄和全球名人*。

从那以后，已经有500多名勇敢、聪慧、足智多谋的男女继加加林之后进入太空。

那些创造纪录的宇航员们

第一位进入太空的女性宇航员：

捷列什科娃，1963年搭乘“东方6号”载人飞船升空。

在太空停留时间最久的男性宇航员：

帕达尔卡，在太空逗留879天。

第一位踏上月球的宇航员：

阿姆斯特朗，1969年搭乘“阿波罗11号”登月。

在太空停留时间最久的女性宇航员：

惠特森，曾两度在国际空间站工作，总计376天。

太空飞行次数最多的宇航员：

张福林和罗斯，参与了7次太空飞行。

---

* 2011年，一个破旧的“东方号”太空舱以290万美元的成交价被拍卖。它曾在加加林的飞行任务前3周，将一名假的宇航员送入太空。——原注

最年轻的宇航员：

季托夫，1961年搭乘“东方2号”，当时年仅25岁。

最年长的太空宇航员：

格伦，1998年乘坐航天飞机，当时已经77岁。

竞争精神

苏联成功地完成了载人太空飞行，这极大地刺激了美国。在随后的1961年，“水星3号”载人飞船成功地将美国的第一位宇航员谢泼德送入太空。而在1964年到1966年间，“双子座”计划完成了10次双人太空飞行。“双子座7号”在太空停留了2周，这在当时是不可思议的纪录。

苏联也不甘示弱。他们向月球和金星发射了首批空间探测器，并且建造了“东方号”和“联盟号”系列宇宙飞船。1969年，两架“联盟号”太空飞船完成了航天器之间的首次太空对接。直至今日，“联盟号”系列宇宙飞船仍然在服役，向国际空间站运送物资。

登月

在24位执行过绕月飞行任务的美国宇航员中，有一半踏上了月球。第一位踏上月球的是阿姆斯特朗，1969年他乘坐“阿波罗11号”载人飞船登月。最后一位登月的是塞尔南，1972年他乘坐“阿波罗17号”载人飞船登月。这12位宇航员共在月球表面停留了80小时，而千百万人通过电视看到了他们执行任务。

阿波罗计划是当时尝试过的最为复杂的任务。宇宙飞船的服务舱提供动力，而 3 位宇航员在航程中则居住在指令舱。3 位宇航员中有 2 位进入了登月舱并且登上月球表面，而另一位宇航员则必须留在指令舱内。返回时，登月舱的上半部分与基座分离，巧妙地与指令舱和服务舱对接。随后两位宇航员再次回到指令舱，登月舱则被遗弃在太空。在回到地球大气层边缘后，服务舱也被遗弃，只留下指令舱穿越大气层后落入海洋。

阿波罗宇宙飞船

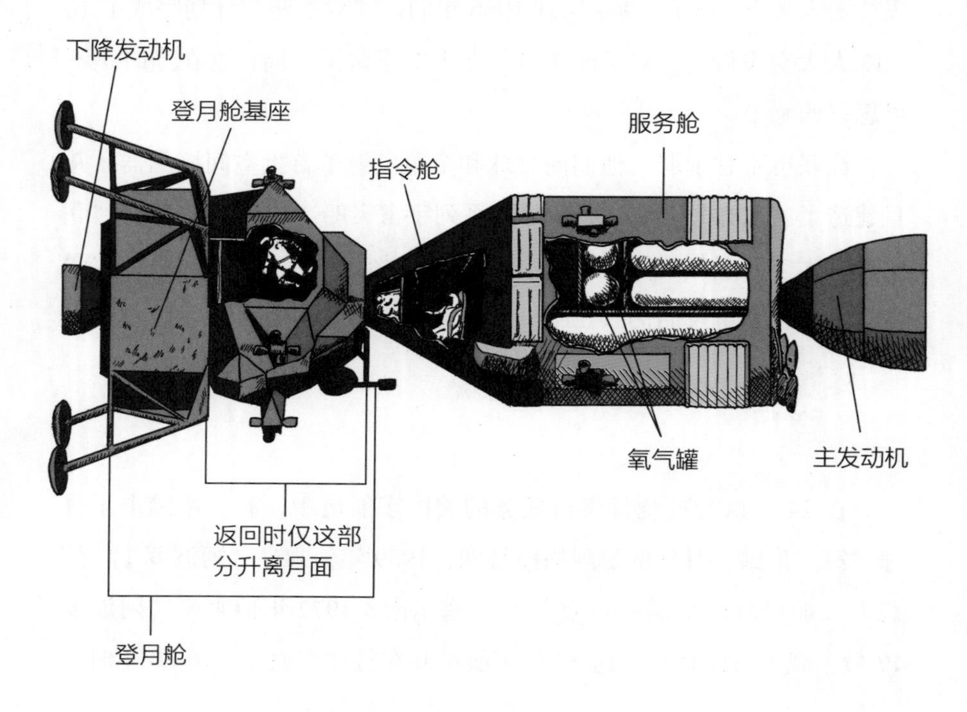

这就是太空生活

在太空中生活会对人体造成许多压力。幸运的是，身体通常能够适应这些变化，并且在回到地球后的不久就能重新适应地球生活。

由于脊柱没有受到向下的引力，宇航员通常会增高 5–8 厘米，这会造成后背和脊柱疼痛。

由于没有引力的作用，体液会向上流动，导致颈部、面部肿胀。

在微重力状态的前几分钟或前几小时，由于引力太小许多宇航员会表现出航天病，出现头痛、疲乏和恶心等症状。

随着宇航员在太空中停留时间的增加，肌肉也将因为不再需要支撑身体或像在地球上一样用力而逐渐衰弱。如果不加以锻炼，那么肌肉会因此松弛和萎缩。

在太空中，你的嗅觉会变得迟钝。不过这也不是坏事，因为只有很少的载人飞船中有淋浴设备。

大脑需要借助内耳和身体其他部位的信号来感知上下和身体各部分的位置。在微重力情况下，这些感知会发生轻微的错乱，因此宇航员很难保持平衡。

对和平号空间站内宇航员的研究发现，在经历了长时间的微重力状态后，宇航员平均流失了 20% 的骨质。

通过研究生活在微重力状态下人体的反应，科学家们已经知道如何克服这些变化。例如，为了减少太空中的肌肉损伤，如今宇航员每天需要剧烈锻炼好几个小时。

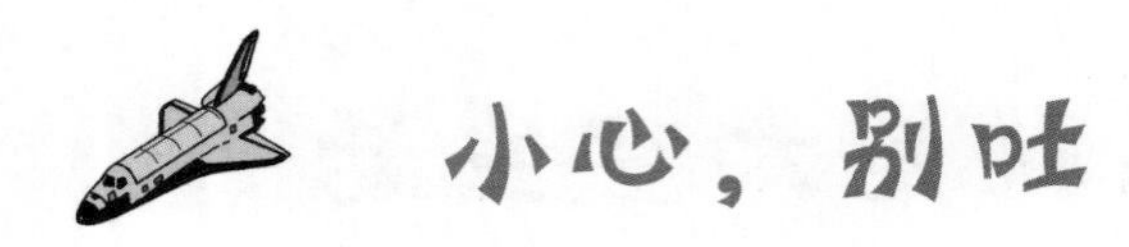

想要适应失重是很难的，因此宇航员会接受以下的最佳训练法。他们乘坐大型飞机飞到高空，然后飞机以巨大的曲线轨迹向下俯冲。每次飞机向下俯冲时，机舱里的人就会感受到失重。宇航员们利用这一段时间来学习如何在太空中移动。许多新手宇航员会感到头晕目眩，并且吐得到处都是。他们因此给这架飞机取了个外号——“呕吐彗星”。

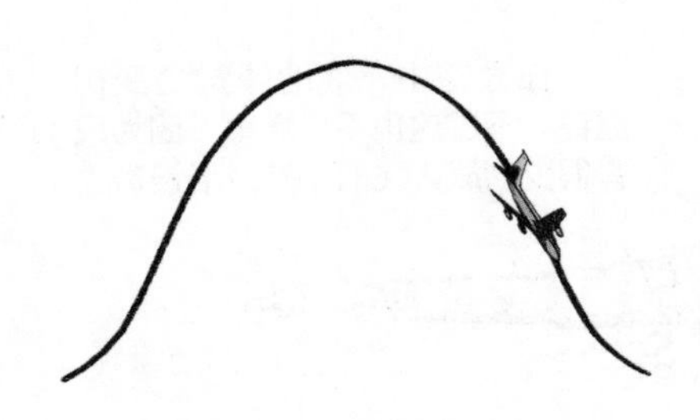

如果你无法使用“呕吐彗星”，也可以在水下进行训练。美国航空航天局的无重力实验室拥有全世界最大的室内水池。这个水池长61.6米，宽31.1米，深12.2米，蓄水量达到了2380万升。这个水池能够容纳航天飞机的货舱或国际空间站的大部件的全尺寸模型。宇航员于是可以进行一段时间的演习，常常长达6小时。

你穿正合身

宇航员们在太空中并非每时每刻都必须穿着全套宇航服，戴着头盔。他们所在的座舱和各个工作舱都是增压的，且充满了空气以供呼吸。因此他们经常穿着工作服。这些工作服往往用挂环或者夹子固定，这样宇航员就可以将自己固定在太空舱的某个位置，不至于飘来飘去。此外，这些工作服还常常有许多口袋和尼龙搭扣贴，可以将有用的物品，比如记事本，牢牢地固定住。

宇航员吃什么

加加林在环绕地球时，吃了香肠和巧克力酱来补充能量。不过，早期的航天食物大多不怎么美味。由于普通食物的碎屑或汁液会飘得到处都是，有可能会进入宇航员的眼睛，或者堵住空气净化器、弄坏仪表盘，因此大多数食物都是从管子里挤出来，或者是能一口吃进嘴里的干块。

“阿波罗”飞船的宇航员已经可以通过在干燥食品中注入热水的办法吃上热饭。而 1970 年代运行的“天空实验室”空间站中的宇航员第一次在太空中吃到了真正意义上的冰激凌。

1988 年，“和平号”空间站的宇航员吃上了一顿丰盛的大餐，菜品包括：鸭子配洋蓟和炖鸽子，这是由空间站的客人，法国宇航员克雷迪安亲手烹饪的。

就和生活在地球上时一样，宇航员们也需要摄入包含适当维生素和矿物质的均衡饮食。如今，每位宇航员的食物都进行了彩色编码，而且这些食物中既包含水果等新鲜食物，也有许多预包装食物。在太空任务开始之前，营养师们就已经提前为宇航员们规划好了营养食谱。一些食物仍是干的，这是为了减轻其质量，方便被携带到太空。在国际空间站内的宇航员吃饭时使用磁性金属托盘，这样他们的餐具就不会跑来跑去了。当然，食物包装上也有尼龙搭扣，防止这些食物四处漂浮。

别忘了冲马桶

在微重力情况下，许多事情确实都变得非常有趣。上厕所的时候也不例外！最早期的载人飞船里根本没有厕所，那些宇航员只能在宇航服里穿成人纸尿裤。

如今，太空厕所能在马桶内制造真空环境，使得你的屁股与坐垫之间形成良好的密封。然后，一个强力抽气风扇，将你的排泄物利索地吸走。

在一些太空飞船里，当宇航员们坐在位子上准备起飞时，仍然要穿着“高级纸尿裤”，或者“最大吸水性服装”。毕竟，他们必须要在发射前和发射过程中一动不动地保持好几个小时的坐姿呢。

在太空，洗澡是和上厕所一样麻烦的事。许多宇宙飞船里，宇航员用布和海绵沾着特殊的沐浴液洗澡，洗完后不需要用水冲洗。也有些宇宙飞船里备有十分巧妙的太空淋浴室。洗澡的时候，宇航员钻进一个密封的舱室里，因此水不会流到外面。在洗澡之后，一个真空吸尘器式的管口会将水滴全都吸走。

刷牙很重要，这一点无论是在太空还是在地球都一样。不过在太空中你可不能漱口，也不能将漱口水吐出来。美国航空航天局发明了一种可以食用，并且不产生泡沫的牙膏，在刷牙之后，你可以把这种牙膏吞下去！

出 舱

如果宇宙飞船或者空间站坏了，那就有可能需要宇航员出舱进行修理。没错，外出到太空中。这被称为太空行走，或者用一个专业术语来说：舱外活动。太空行走的目的可以是对宇宙飞船的破损部位进行检查或修理，也可以是帮助把卫星从宇宙飞船的货舱部署到太空中，或者监控一些实验。

在出舱之前，宇航员们需要穿上全套复杂的高科技太空服。太空服能够提供氧气，维持人体周围的气压在正常水平，并且防止太空粒子对于宇航员的伤害。太空服还必须能保护宇航员不受极端温差伤害。太空中的温度在极端高温和极端低温间剧烈波动，这取决于太空行走是在太阳光照射下还是在黑暗中。

带空调的内裤

在一些早期的太空任务中，宇航员们所穿的内衣中有一根软管连接着空调，能将冷空气送入宇航员的内衣裤中，使他们在太空中也保持凉爽。如今，宇航员们常穿着液冷裤！他们的内衣中编织着超过 90 米长的细管，管内流动着由太空服背包提供的冷却水。

舱外活动服装

宇航员们在离开航天飞机或国际空间站作太空行走时穿的是舱外活动服。这种服装在地球上重约 178 千克，穿上全套服装需要至少 45 分钟时间。

所有的宇航服都是白色的。这是因为白色能最大限度地反射热能，而且白色的宇航服在漆黑的太空中格外显眼。

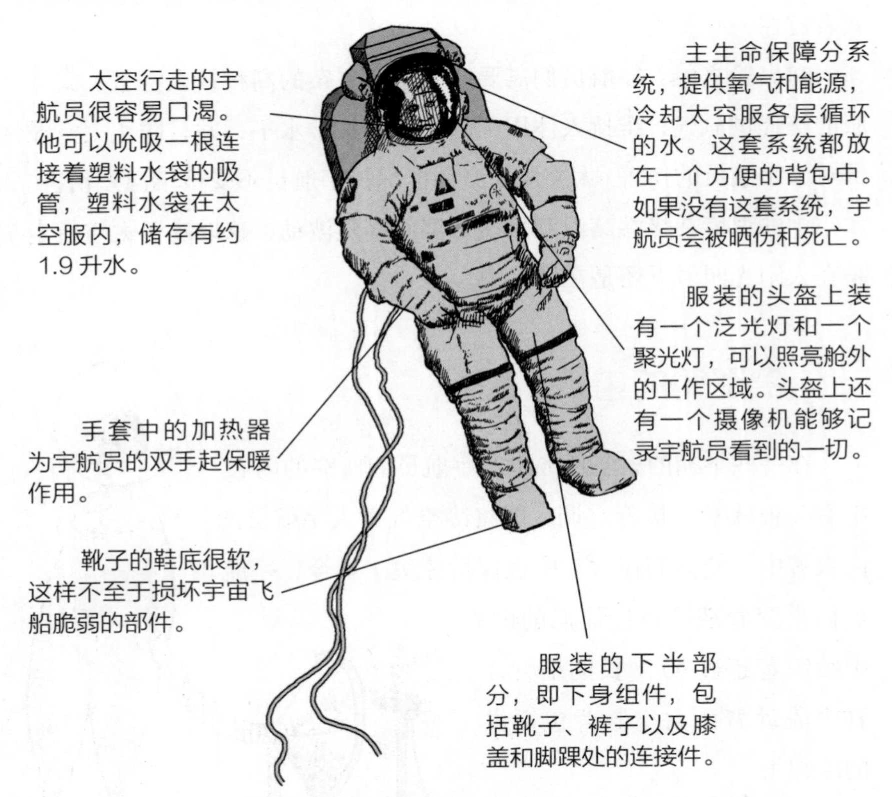

在太空服的外层下面有一层电线背带，其中的电线连接到无线电和各种仪器，这些仪器监控着宇航员的心跳、体温和其他生理指标。

并非每天散步

1965 年，列昂诺夫完成了史上第一次太空行走。他在搭乘的“上升 2 号”飞船外行走了 12 分钟。一根长 5.35 米的绳子将他与飞船系在一起。由于太空服过度膨胀，他被卡在气闸口，努力了差不多又 12 分钟，才成功地返回飞船内部。

19 年后，美国航空航天局的宇航员麦坎德利斯成为了第一位不系绳子进行太空行走的宇航员。他穿着一种人控机动装置。这种装置形似包，两侧装有操纵臂，里面有为 24 个小型喷气式推进器提供动力的燃料。宇航员操作位于双手边的两根控制杆来运行这套装置。

2007 年，赫尔姆斯和沃斯在为国际空间站工作期间创造了太空行走的最长时间纪录。他们在太空中在外面活动了 8 小时 56 分钟——一项真正的挑战，特别是对于赫尔姆斯而言，因为这是她的第一次太空行走。另一方面，创造了太空行走最多次数纪录的是索洛维耶夫，他总共完成了 16 次太空行走，在太空中在外面的累计时间为 82 小时 22 分钟。

这是谁的手套

1965年，人类进行了第二次太空行走，一只备用热手套飘在了太空中，成为了环绕地球的百万太空垃圾中的一员。这些太空垃圾大多十分微小，例如掉落的油漆碎片等。不过，偶尔也有废弃卫星或火箭的碎片。这些太空垃圾中的一部分最终会掉回地球，要么掉到地上，要么在重新进入大气层的过程中燃烧殆尽。

世界上至今只有一个人被掉落的太空垃圾击中。1997年，美国塔尔萨的一名邮差威廉姆斯，她的肩膀被“德尔塔”火箭上掉落的一个组件擦过，万幸没有受伤。

科学家们更担心太空垃圾与卫星或其他飞行器相撞。由于太空垃圾的飞行速度很快，因此即使是最小的碎片也可以造成破坏。在低地球轨道，太空垃圾的速度可以高达7.5千米/秒——比手枪射出的子弹还要快7倍。

糟糕

2008年，宇航员为了修理国际空间站进行了一次太空行走。在行走中，宇航员斯蒂法尼斯海恩-派珀的工具包中的润滑脂枪发生了漏油。在擦拭过程中，她不小心松开了手，价值10万美元的工具包就这样飘走不见了。第二年，人们在太空中发现了这个工具包的身影，它重新进入了大气层。

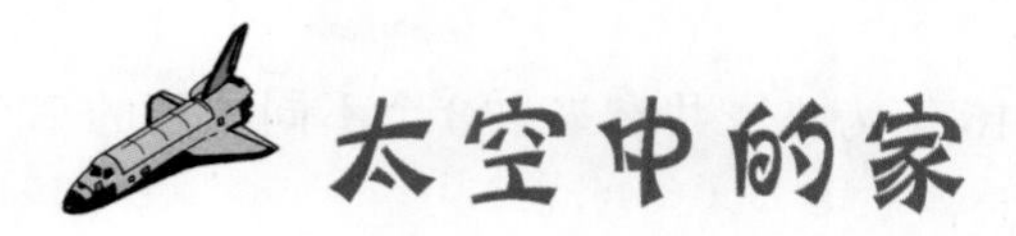

太空中的家

1971 年，苏联将“礼炮 1 号”空间站送入了太空，这是人类历史上的第一个空间站。之后又陆续有 3 个空间站成功发射。这些在轨道上运行的太空实验室为各种前沿科学研究创造了优异的条件——从细致地观测地球，到在微重力条件下构建完美的晶体等。一些太空中的实验不仅促进了新药物的研发，而且还推动了更强大的计算机处理器的诞生。

代号为 STS80 的航天飞机任务长达 17 天半，超过了 NASA 航天飞机的其他载人飞行任务，以及诸如“联盟号”之类宇宙飞船的飞行任务，是历史上持续时间最久的一次航天飞机任务。不过，通过建造绕地球轨道运行的空间站，人类可以在太空生活、工作更长的时间。安装在空间站上的对接端口可以与宇宙飞船对接，以便往返空间站运送补给、设备和宇航员。

1994 年，波利亚科夫所乘坐的载人飞船发射升空，前往“和平号”空间站。他在空间站内生活了 437.7 天——创下了在太空中连续生活时间最久的纪录——随后平安返回地球。

齐聚一堂

国际空间站是首个重大的国际间合作太空项目。这个空间站由美国、俄罗斯、加拿大、日本、巴西和欧洲航天局共同建设。这个空间站的桁架上拼接着许多舱室，提供了更多的居住空间，而不是只能容纳最多 7 位宇航员典型的六卧空间。从 2000 年国际空间站首次满足居住条件起，到 2016 年为止，共有来自 8 个不同国家的 226 位宇航员到访过国际空间站。

大工地

空间站可以整个建好后送入太空。不过，国际空间站并非如此。1998 年，太空中史上最大的“工地”开始动工。在随后的 12 年里，超过 115 次火箭和航天飞机从地球发射升空，将国际空间站的各舱室和部件逐个运到太空，组装起来。

整个国际空间站大小和一个足球场相仿，它已经运行了 27 亿千米以上，绕地球转了 10 万多圈。

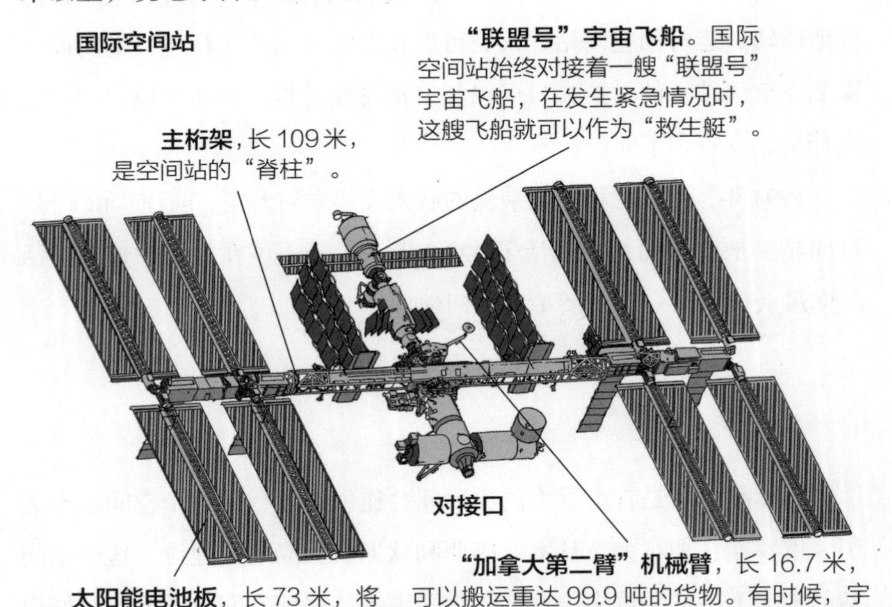

在国际空间站上做什么

国际空间站上的每一天都是忙、忙、忙。即使是简单的琐事，例如梳洗、剃须、上厕所等也会耗费比地球上更多的时间。为了避免肌肉发生萎缩，国际空间站上的每位宇航员每天都需要在空间站的健身单车和跑步机上运动约两小时。与此同时，他们还需要完成许多五花八门的任务——从维护空间站的某个部件，到完成各种科学实验任务——空间站内主要的科学实验和携带的科学仪器通常有50余项。

闲暇之余，空间站的居民们也会读书、看DVD、给家人和朋友写电子邮件，或者只是静静地凝视着家园壮美的、千变万化的景色。

臭烘烘

不过，国际空间站的宇航员们至少不需要洗衣服。他们每周换一次裤子，每两天换一次内衣裤，换下来的脏衣服用塑料袋密封装起来。

将军，查米托夫

2008年,宇航员查米托夫在国际空间站进行了一场太空国际象棋赛，比赛对手是地球上的6个任务控制站。他所使用的棋盘和棋子都用尼龙搭扣固定，从而不至于在太空中飘浮。这场对弈，查米托夫赢了。不过几周后他尝到了在太空中的首场败绩，这次他的对手是一群美国学生。

太空假期

2001年，百万富翁蒂托入住了史上最贵酒店——“和平号”空间站。* 蒂托在空间站共住了7晚，平均每晚花费300万美元，作为历史上第一位太空游客，他的花费史无前例。在他之后，陆续又有几位“游客”造访了太空。

现在，能携带更多游客进入太空的新型宇宙飞船计划正在实施中。

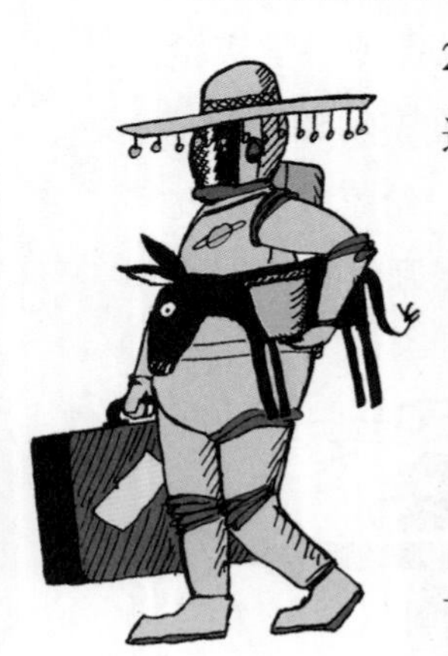

2004年，“太空船1号”成为了第一艘由私人公司建造的航天飞行器，这艘飞船能够上升到地球表面之上100多千米的高空。紧随其后的是“太空船2号”。根据计划，“太空船2号”将成为史上第一条太空载人旅行航线。游客们每人只需支付20万美元即可享受一次短途太空旅行。

也许有朝一日，你能住进专门为游客建造的像一个巨大的空间站一样绕地球运行的太空酒店呢！

下一站是哪

目前，人们在太空中到达过的最远距离是往返月球。想要飞得更远并非不可能，不过有许多问题需要解决。例如，如果想要去火星旅行，那么仅单程就需要至少8个月，这还不包括探索火星所需要的时间。因此，去火星至少要准备3至4年生活所需的食物、水和其他物资——要把这些物资全部送入太空可不是一件容易的事呢。

---

* 此处原文有误，应是国际空间站。——译注

如何开始……如何结束

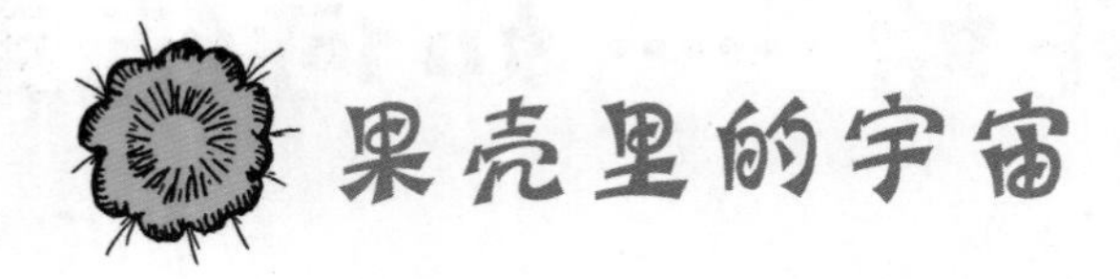

果壳里的宇宙

通常，我们一说到宇宙，就会认为它无处不在、无所不包。过去，人们认为太阳、月亮和几颗行星以及恒星便组成了宇宙的全部——而且整个宇宙都围绕地球转动。这种地心说可以追溯到古希腊时代，并且在长达近2000年的时间内统治着欧洲社会。直到1543年，波兰天文学家哥白尼提出了日心说，认为地球和其他行星全部都围绕太阳转动。

狂人不狂——阿那克萨哥拉

2400多年前，古希腊哲学家阿那克萨哥拉认为地球是平的，由太空中的“强气”支撑着悬浮在空中。然而，他也是最早提出地球绕太阳旋转的人之一。不过他因为观点太过疯狂而被驱逐出雅典。

宇宙学说

宇宙学是将宇宙作为一个整体进行研究的科学——宇宙如何起源，如何发展，宇宙的大小、形状和未来。宇宙学深入研究天文学、物理学和其他科学的前沿，并试图全盘思考和解决一些“终极问题”，例如:“宇宙的结局将如何？”“宇宙是如何发展成为今天的样子的？”，等等。如果你的脑容量不够，还是不要研究宇宙学了！

宇宙是什么时候开始的

根据科学家们的估算，宇宙的年龄约为 137 亿岁。这段岁月漫长得难以想象，相比之下人类的历史实在是短得微不足道。事实上，如果把整个宇宙历史压缩至 24 小时，那么第一批智人（你的同类）要等到 24 小时快要过完前不到 2 分钟才刚刚出现。

天文学家萨根对此做了类似的比喻。他的宇宙历将整个宇宙的历史压缩成一个地球年：

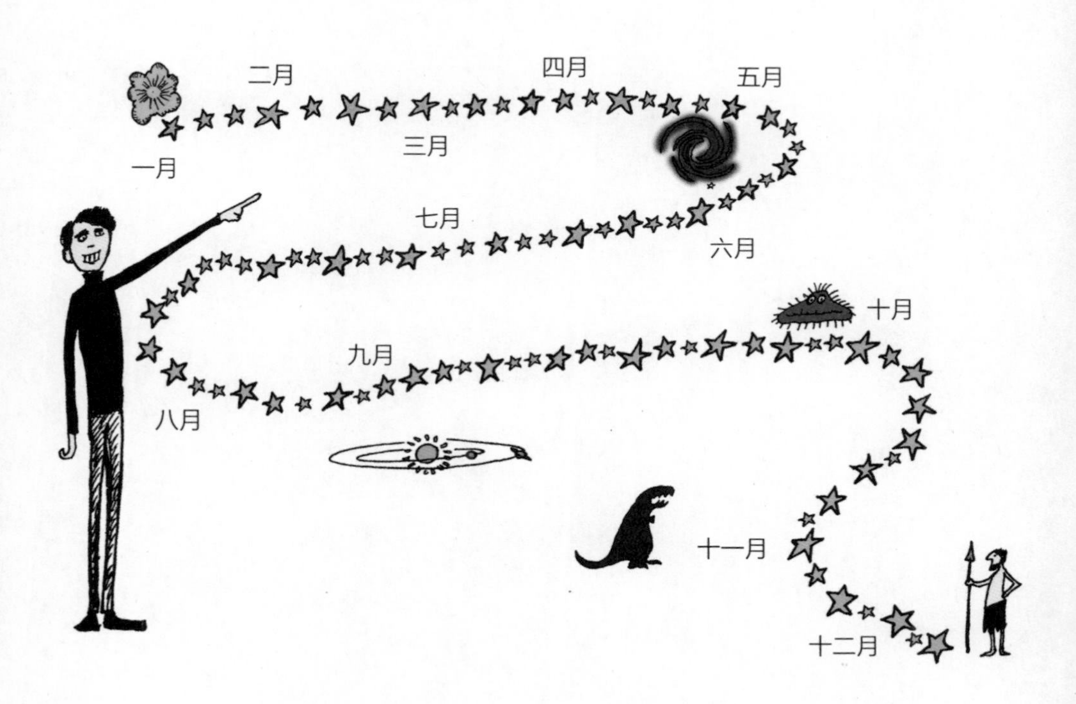

在萨根的宇宙历中，宇宙于元旦（1月1日）开始形成，而银河系要等到5月才开始出现。太阳和太阳系的行星开始形成时，已经是9月，而人类直到12月31日的最后一个小时才出现！

这一切是如何开始的

大多数宇宙学家都认同用大爆炸理论来解释宇宙的起源。不过，大爆炸理论的意思并不是说宇宙真的起源于一次巨大的爆炸，而是说宇宙是由一个质量极大、温度极高的点突然膨胀而产生的。

大爆炸的名称由来

大爆炸理论是在20世纪由许多科学家共同提出并逐渐完善的，其中包括传说有着超级大脑的爱因斯坦、哈勃、伽莫夫和比利时牧师勒梅特。然而，这个理论的名称居然来自该理论的反对者！英国天文学家霍伊尔首先使用了这个名词。1949年，他在英国广播公司（BBC）的电台里用了“在一次大爆炸中创造了”这个短语，随后在1950年的电台讲座“宇宙的本质”中，又重复了这一说法。

接下来发生了什么

大爆炸产生了空间、能量和时间。也就是说，不存在大爆炸“以前”，但大爆炸本身最早极短暂的一瞬间被称为普朗克时间，这是以诺贝尔奖得主普朗克的名字命名的。在这个时间段内究竟发生了什么，人们无从得知。但在普朗克时间之后，突然又迅速得不可思议的膨胀就发生了。这一膨胀称为宇宙暴胀，就在这短短的不到一秒的时间内，宇宙从一个点膨胀为庞然大物！

从那时起，宇宙就一直在边膨胀，边冷却，从千百万度降到今天的−270℃。

在大爆炸发生后约38万年，质子和中子组成了氢原子核和氦原子核。又过了许久，电子与原子核结合形成了原子。随后，又有几种其他的元素形成了。引力开始将气体和物质聚集成为云，温度逐渐升高。在大爆炸后的10亿年，最早的恒星和星系形成了。不过，太阳属于后来者，在那以后约70亿年才形成。与此同时，宇宙仍然在持续膨胀。

了不起的古人

古印度《吠陀经》中的《梨俱吠陀》将宇宙形容成一个宇宙蛋，它是从一个点膨胀而成的。这个理论与大爆炸理论惊人的相似，只不过《梨俱吠陀》写于将近3500年前！

稳住

有些科学家更相信稳恒态理论，这其中就包括了首先使用“大爆炸”这一名称的霍伊尔。他们认为恒星和星系有各自的起始点，而宇宙则不然——宇宙是一直存在着的，过去是，将来也是。稳恒态理论在过去一度非常流行，不过现已被证明是错误的。

光的改变

1929年，美国天文学家哈勃发现了宇宙膨胀的证据，从而成为了大爆炸理论的奠基人之一。哈勃空间望远镜（见“空间望远镜”一节）就是用这位天文学家的名字命名的。

通过观测来自一些星系的光，哈勃发现许多星系正在远离地球，星系与星系之间的距离在不断增加。星系离地球越远，远离的速度越快。为了证明这一点，哈勃和他的同事们利用了“红移”原理。当一个星系或其他天体快速移动时，它运动方向前方的光被挤压而变得偏蓝。在它的后方，光被拉伸而变得偏红。人眼不能发现这种变化，但一种称为光谱仪的仪器可以。从距离地球遥远的星系发出的光，很明显的有红移现象，证明这些星系正以每秒数千千米的速度离我们远去。

如果宇宙自始至终都在以恒定的速率膨胀，那么在遥远的过去，它的体积一定远比现在小。而且时间越早，宇宙也就越小。那么回到宇宙的最初，它一定就是一个点了。

宇宙还在膨胀吗

把宇宙想象成一个美味的葡萄干面包吧——当你开始烤面包的时候，面团朝着各个方向膨胀。与此同时，面团里原本聚在一起的葡萄干之间的距离也就越来越大了。现在，把每个葡萄干想象成宇宙中的一个星系团，把面团想象

成宇宙。尽管宇宙并没有随着空间大小的增加而膨胀成什么别的东西，但随着星系团的远离，宇宙本身也在膨胀。

大爆炸理论的证明

1964 年，大爆炸理论又有了新的证据。当时，美国新泽西州霍姆德尔的一座大型无线电天线内积满了鸽子粪，两位来自贝尔实验室的青年科学家彭齐亚斯和威尔逊将其清扫干净，希望用这个天线来监测早期太空卫星传回的信号。

他们发现一个低频率的背景噪声，也就是所谓的宇宙微波背景辐射，干扰了天线的接收。无论天线指向太空的哪个方向，这个背景噪声似乎始终相同。于是彭齐亚斯和威尔逊检查了天线的电缆、驱逐了在这个号角形的天线中安家的鸽子，但他们还是没有能够消除这一信号。最终，他们发现这个噪声实际上是宇宙大爆炸后残留的能量，这些能量已散布到了宇宙中的每个角落。

1978 年，这两位科学家因他们的发现获得了诺贝尔物理学奖。

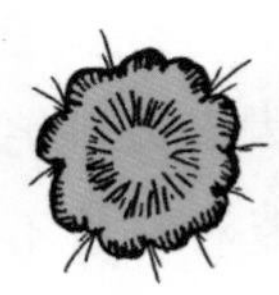

悬而未决的问题

天文学家和宇宙学家对于宇宙总是想知道得多而又多，但他们的知识依然还有许多缺漏。其中一个令人困惑的问题，就是宇宙究竟有多大，又是什么形状呢?

随着天文望远镜等科研仪器的日益精进，人们所能够观测到的宇宙范围也在增大。现在要用数百亿光年来描述宇宙的大小，可是由于宇宙始终处于膨胀之中，能够观测到的宇宙只能是整个宇宙的一部分。科学家们甚至怀疑，宇宙到底是“有限的”（有一个确定的最大尺寸），还是“无限的”（没有边际的）。

还有些物质是什么

宇宙的大部分还未被发现！至少科学家们是这么认为的。通过测量星系自转的快慢，科学家们可以计算出这个星系需要多大的质量才能产生足够的引力把它维系在一起。问题是似乎没有足够多的物质。

要么是物理学定律错了——大多数科学家认为这不可能，要么就一定是存在着不会发射任何光的，使我们不能看到的物质。

科学家们管这些物质叫作“暗物质”。据估计，暗物质占了宇宙总物质的约27%，但目前还没有一个人知道这些暗物质是由什么组成的。暗物质很可能是许多褐矮星、黑洞，以及只有很小或没有质量的称为中微子的粒子。

科学家们认为，宇宙中暗物质的量可能决定了宇宙如何发展，以及有朝一日宇宙可能会如何终结。

起作用的黑暗力量

1990年代，人们在宇宙中又发现了另一种神秘的现象。宇宙膨胀的速度比预期的要快得多，科学家们认为一定有一种力量在起作用。他们将这种力量称为暗能量。直至目前，科学家们对于暗能量还是几乎一无所知，既无法测量这种能量，也不知道这种能量由什么组成。

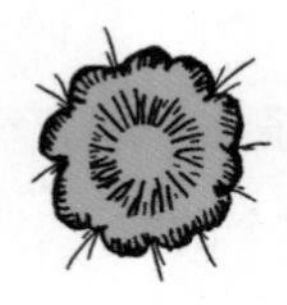

宇宙的结局将如何

没有人能够准确预测宇宙的最终结局，或者究竟是否有一个结局。对此，天文学家和宇宙学家提出了许多假设，可是谁也不能说服谁。不管争论的结果怎样，有一件事是肯定的，那就是这样的结局还要等很久、很久——要若干万亿年以后。

大冷寂

大冷寂理论是宇宙可能的结局之一。这个理论假设宇宙永远不停地向各个方向膨胀，星系变得越来越老，星系团之间的距离也将越来越大。最终，所有的恒星会耗尽全部能量，慢慢死去，而星系中的气体与物质也会用尽，再也不能形成新的恒星。宇宙还在，但是会成为极大、极冷、极度黑暗的场所。

大撕裂

这个理论假设宇宙会持续膨胀，但在暗能量的驱动下，膨胀的速度越来越快。当宇宙膨胀达到一个前所未有的快的速度时，会出现一种壮观的、极度毁灭性的结局。此时，星系无法把自身维系在一起，恒星和行星都将四分五裂，甚至连一个个原子也会撕裂成单个的粒子，太可怕了！

大挤压

大撕裂理论认为宇宙膨胀的力量也许会压倒引力。不过，如果赢不了引力呢？大挤压理论就认为引力会占据上风。这个理论认为宇宙终将停止膨胀，像橡皮筋一样发生回弹，重新变小、回缩。星系之间将会彼此靠拢，越来越近，最后发生碰撞，向内变得越来越密集。此时，温度将会急剧升高，最终整个宇宙将会收缩成一个不可想象的密度极高的点，这个点有时也被称为大挤压奇点。

别难过！

虽然这些结局看似全都非常悲惨，不过这一切要等到几万亿年以后才会发生呢。在这个漫长的过程当中，人们一定会发现更多关于宇宙的奥秘。

大反冲

即使真的存在大挤压，也可能不是一切的终结，它可能造成一次新的大爆炸——大反冲，并创造出一个全新的宇宙。也有可能，存在着由许多宇宙组成的多重宇宙，每个宇宙都起源于各自的大爆炸。这可真是一个非常棒的想法！

Out of This World: All the Cool Bits About Space
By
Clive Gifford
Copyright © 2017 by Buster Books
an imprint of Michael O'Mara Books Limited
Chinese Simplified Characters Copyright © 2019 by
Shanghai Scientific & Technological Education Publishing House
Published by agreement with Michael O'Mara Books Limited
ALL RIGHTS RESERVED
上海科技教育出版社业经Michael O'Mara Books Limited授权
取得本书中文简体字版版权

图书在版编目(CIP)数据

太空不太空:关于宇宙的冷知识/(英)克莱夫·吉福德著;张珍真译.—上海:上海科技教育出版社,2019.8
(厉害坏了的科学)
ISBN 978-7-5428-7018-6

Ⅰ.①太… Ⅱ.①克… ②张… Ⅲ.①宇宙—青少年读物 Ⅳ.①P159-49

中国版本图书馆CIP数据核字(2019)第130457号

责任编辑 李 凌
装帧设计 杨 静

厉害坏了的科学

太空不太空——关于宇宙的冷知识

[英]克莱夫·吉福德(Clive Gifford) 著
[英]安德鲁·平德(Andrew Pinder) 图
张珍真 译

出版发行 上海科技教育出版社有限公司
(上海市柳州路218号 邮政编码200235)
网 址 www.ewen.co www.sste.com
经 销 各地新华书店
印 刷 常熟市文化印刷有限公司
开 本 720×1000 mm 1/16
印 张 10
版 次 2019年8月第1版
印 次 2019年8月第1次印刷
书 号 ISBN 978-7-5428-7018-6/G·4063
图 字 09-2018-409号
定 价 45.00元